说服力

让你的PPT会说话

秋叶　杨伟洲 著

人民邮电出版社
北京

图书在版编目（CIP）数据

让你的PPT会说话 / 秋叶，杨伟洲著. -- 北京 : 人民邮电出版社，2018.11（2022.5 重印）
ISBN 978-7-115-48969-2

Ⅰ. ①让… Ⅱ. ①秋… ②杨… Ⅲ. ①图形软件 Ⅳ. ①TP391.412

中国版本图书馆CIP数据核字(2018)第168698号

内 容 提 要

职场中，不借助过于复杂的软件、不具备专业美术功底，如何通过模仿而学到各种有效的表达方式，有效地传递信息，往往是很多人面临的难题。

本书不堆砌和炫耀技巧，致力于帮助职场精英们提升 PPT 演示说服力，任何人看完都可以运用到工作生活中，提升自己的演示说服水平。

本书作者把自己职业生涯中学过、用过、验证过的各类管理思维，用 PPT 设计案例的形式分享出来，读者阅读本书不仅能学到 PPT 的制作技巧和方法，还能学习到大量实用的职场干货。

◆ 著　　　秋　叶　杨伟洲
责任编辑　李永涛
责任印制　马振武

◆ 人民邮电出版社出版发行　北京市丰台区成寿寺路 11 号
邮编　100164　电子邮件　315@ptpress.com.cn
网址　http://www.ptpress.com.cn
北京富诚彩色印刷有限公司印刷

◆ 开本：690×970　1/16
印张：13.5　　2018 年 11 月第 1 版
字数：265 千字　　2022 年 5 月北京第 7 次印刷

定价：89.90 元（附小册子）

读者服务热线：(010)81055410　印装质量热线：(010)81055316
反盗版热线：(010)81055315
广告经营许可证：京东市监广登字 20170147 号

前言 » 献给即将成为PPT高手的你

Why：你为什么要读这本书？

做 PPT 内训时，经常遇到很多素材的“渴求者”、技巧的“膜拜者”、设计的“狂热者”，却极少发现 PPT 的“思考者”。尽管这是现实，但我们希望改变这一切！通过这本书，我们希望你成为：

欣赏专家
赏析PPT的优与劣

逻辑专家
用PPT说服别人

设计专家
视觉化设计PPT

What：这本书有什么不同？

这本书颠覆了若干规则，我们用 PPT 写了一本关于 PPT 的书。这个想法是不是很 Crazy ？是不是很 Creative ？是的，我们就是这样做的！

全新体验
一本用PPT写出来的书

超多案例
多达200+个翔实案例

轻松阅读
图文并茂，高效阅读

Who：这本书适合给谁看？

宏观地讲，如果你的计算机已经安装了 Mircosoft PowerPoint 软件，那就说明你肯定会用到这个软件，如果你不是“只看不做”的人，那就肯定很适合看这本书。微观地讲，这本书尤其适合：

职场白领
用PPT制造职场影响力

培训老师
用PPT打动别人

学生朋友
借助PPT脱颖而出

前言 » 献给即将成为PPT高手的你

好的幻灯片让你与众不同

你在竞争一个项目，你的竞争对手和你实力相当，你们都需要在客户面前做一个 PPT 演示，千辛万苦地准备材料，收集分析数据，结果却是这样的：

你可能是这么做的

竞争对手却是这么做的！

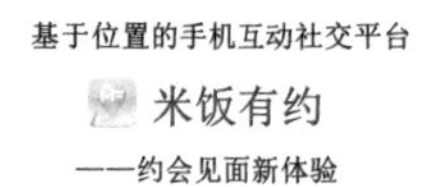

你需要做一个工作经营分析，领导要求你做一个 PPT 演示。这是表现自己的好机会，排除万难，协调各部门收集分析数据，结果却是这样的：

你可能是这么做的

你同事却是这么做的！

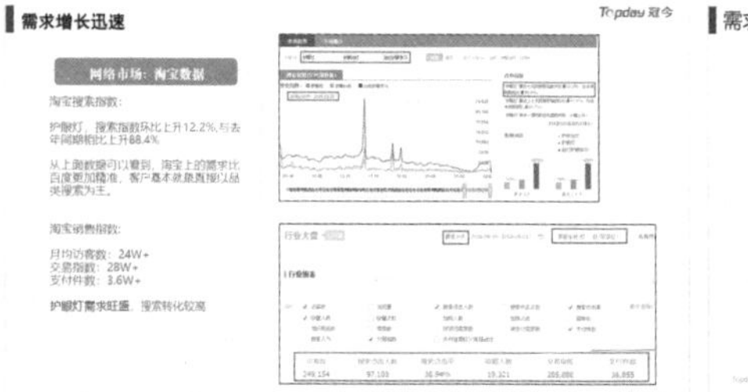

你突然发现，花费你大量精力的前期筹备，到了制作 PPT 时就歇菜了！

尤其是在一些关键时刻，前期花费大量精力和时间准备，最后的关键却需要通过 PPT 来展示。能制作出一流的 PPT，绝对能让你的领导和客户对你青睐有加！

一份优秀的 PPT 报告能让你在激烈的职场和商业竞争中脱颖而出。

现在是不是感觉到你太需要掌握真正优秀的商务 PPT 制作秘诀了？！

前言 >> 献给即将成为PPT高手的你

通过这本书我们帮助你掌握

逻辑化和**视觉化**的PPT秘诀

希望你能被贴上**PPT高手**的标签

特别感谢

一直鼓励和支持我们创作本书的朋友和专业人士

在此一并致谢

秋叶 呆鱼

2018.6

« 目录

第 04 章

第 05 章

第 06 章

第 07 章

第 01 章
为什么要做 PPT

扫码看视频

1 关于 PPT 的那些事儿

你知道吗？PPT 并不是微软发明的。

几乎每一台计算机都装了 PowerPoint，但很多人并不知道最早的 PowerPoint 软件是苹果版的。

PPT的初次面世是在苹果电脑（Mac）上，1987年发布1.0版，当年被微软收购，这也是微软历史上的第一次收购。

Office三剑客后缀的来历

*XL是Excel的前身，与Excel的发音相似，XL加S代表升级版本的意思。

PowerPoint 的缔造者 Robert Gaskins 给出了 PPT 命名的真实缘由：PPT 并不是 PowerPoint 的缩写，而是简称，并把 .ppt 作为文件名后缀。

职场人到底该用哪个 PPT 版本？

至今，微软的 Office 已经走过了 30 多个年头。其中 PPT 版本也经过了几次功能上的大跃迁，目前使用最广泛的有 PowerPoint 2007/2010/2013/2016 等。

版本越高，PowerPoint 软件提升效率和排版质量的空间越大！

微软官方已放弃对 2007 版的技术支持，我们推荐使用 2013 及以上版本，至少也要安装 2010 版。大部分人纠结 PPT 版本跟不上变化，总是要购买安装新版本，但自从微软推出了 Office 365 订阅服务，一切变得不是问题了。

Office 365，从应用软件走向平台服务

Office 365 从 2011 年 6 月正式发布，2013 年 1 月首推 Office 365 个人版，意味着微软 Office 策略从应用软件走向云平台服务。

对用户来说，从线下单机版走向线上协同办公版，意味着很多工作模式的变化。

1）移动办公：支持多设备运行，在任意地点的移动设备都可以访问用户文件；Web Office 能在数秒内加载完整的 Office 功能；

2）高效协作：支持云存储，本地文件的实时同步、编辑和共享；

3）超值服务：支持联机自动获取最新技术服务；无须安装和升级。

Office 2016 VS Office 365

	Office 2016	Office 365
软件版本	• Office 2016 应用程序 • 买了什么版本就是什么版本	• 最新版本的 Office 应用程序 • 只要订阅Office 365，版本可以更新到2016，甚至2019
功能更新	• 仅包括安全更新 • 版本、新功能将不会更新	• 包括安全更新和功能更新 • 持续获取最新的功能和更新，包括将来版本的主要升级
付费形式	• 一次性支付	• 每月/每年支付订阅费用
云服务	• 无	• Web版Office App，支持共享编辑 • Sharepoint，团队文件共享 • Onedrive云存储，与本地实时同步 • Exchange邮件服务器
技术支持	• 仅包括初始安装技术支持	• 使用订阅过程随时联系，无须费用

内容参考微软官网Office 365介绍

Office 和 WPS Office，到底有什么不同？

经常会被秋叶 PPT 的在线课程学员问起：

老师，你用的是哪个 PPT 软件，为啥界面不同，为啥这些功能我没有？

很多人把金山 WPS Office 当微软的 Office。WPS Office 全面兼容微软 Office 的 Word、PPT、Excel 格式，软件界面也模仿微软 Office，看起来类似。本书介绍的是微软 Office PPT。

Office与WPS Office的常用格式

软件		2003	2007～2016	说明
微软 Office	PPT	.ppt	.pptx	演示文稿，双击打开编辑
		.pps	.ppsx	自动播放，双击自动播放
		.pot	.potx	模板，双击以此为模板新建
	Word	.doc	.docx	文档，双击打开编辑
	Excel	.xls	.xlsx	工作表，双击打开编辑
金山 WPS Office	演示	.wps		演示文稿，双击打开编辑
	文字	.et		文档，双击打开编辑
	表格	.dps		工作表，双击打开编辑

备注：微软Office高版本软件是向下兼容的，能打开低版本的文件。但低版本软件打开.pptx格式后缀的幻灯片文件，部分高版本才有的功能会显示为灰色，无法编辑。

金山 WPS Office 兼容 .ppt/.doc/.xls 格式的 Office 文件，对于 Office 2007 版以上的格式，只需去掉后缀的“x” 即可打开。反过来，金山 WPS Office 的文件后缀，修改为对应 Office 文件的后缀，如 .wps 修改为 .ppt，Office 依然可以编辑。

值得一提的是，Keynote（苹果的演示软件）可以直接打开 PPT 文件，也可以将 Keynote 文件导出为 PPT 文件。

2 人们是不是被糟糕的 PPT 害惨了

饱受争议的 PPT

PPT是计算机发展史上最辉煌、最具影响力，也是引来最多抱怨的软件之一，抱怨这款软件的人几乎与愿意使用它的人一样多。

2003年2月1日，美国哥伦比亚号航空飞机升空后解体，7位宇航员集体遇难。

调查小组公布的报告显示：除明确了的隔热板出问题之外，罪魁祸首是PPT！

因为在事先工作分析会上，有工程师用PPT提出过隔热板的问题，因其PPT设计得不好，底下的资深专家没深刻领会这些PPT传递的信息。最后，隐患没有被重视，结果出了这起事故。

他们说PPT是"邪恶"的！

塔夫特

PPT好比一种广泛使用且价格昂贵的处方药：承诺的药效很好，其实有严重的副作用：让每个人变得无趣、浪费时间、降低沟通的质量与可信度。

（这些副作用，如果是其他产品的话，足以导致一次全球范围的产品召回。）

和菜头

在阴暗的会议室里，盯着屏幕看上四五个小时密密麻麻的公式、表格、文字，折线图完了有饼状图，饼状图完了还有柱状图……它并没有简化任何信息，而是通过更为密集的方式往你的大脑里"填鸭"。

PPT变成了羞怯的人避免演讲的手段，也变成走神的人最好的掩饰。绝大多数的PPT都是垃圾，而且是精神垃圾。根本不能用来看，也不能用来听，而应该用来审讯犯人。可是，它却变成了一种会议上的基本配置，这就让人觉得心如刀割，苦不堪言。

PPT 真的是“邪恶”的吗？

塔夫特他们说的对吗？他们说的的确是事实。但我们并不能将原因都归结在 PPT 上，PPT 不过是工具，而问题往往出在使用者身上。

现象

1 使用PPT≠节约会议时间

PPT如此容易被复制，我们不得不做好随时忍受30～120页的PPT轰炸。

2 使用PPT≠提高演讲水平

有了PPT，让很多不擅长演讲的人也能在30分钟内滔滔不绝，却不知所云。

3 使用PPT≠清楚展示主题

很多PPT把表达形式提升到比内容更重要的地位，失去了对主题逻辑思路的把握。

矛盾

1 PPT更多的作用是帮助那些无能的人

无法提炼思路的人，缺乏表达能力的人，没有足够素材的人比我们更热爱PPT。

2 PPT让我们的大脑更不堪重负

PPT已经演变成擅长在最短时间内往你大脑灌输最多信息的工具，而不是我们原来以为的可以更简洁（至少Word可以选择看目录）。

3 PPT从工作手段变成了目的

我们总是在赶PPT——堆砌文字、堆集图表、堆积页面，并将其作为完成领导交待工作的重要“里程碑”。

没本事的人就喜欢抱怨工具不行，但问题的本质原因是：

“绝大多数人没有真正认识和正确使用 PPT，缺乏 PPT 思维，导致做出来的 PPT 都是视觉垃圾！”

大多数人对 PPT 有着认知误差，这样做出来的 PPT 犹如视觉垃圾，的确“害人不浅”！

然而，只要解决了以上的问题，就能做出视觉盛宴般的 PPT，让每个观众都“受益匪浅”！这时，PPT 将能成为你的一大亮点。

3 为什么职场人又爱又恨 PPT

离不开 PPT 的职场

微软成功让 PPT 成为应用最广泛的演示工具，在各式各样的职场演示场合中，都离不开 PPT 的身影。

300,000,000
每天至少有3亿人在看PPT！

“PPT是
21世纪新的世界语！”

美国社会科学家Rich Moran

职场人做PPT的三大理由

工作需要 | 领导需要 | 客户需要

学生
会PPT好找工作！

白领
开会就要用PPT！

金领
用PPT做演讲！

老板
忙得只能看PPT！

职场人喜欢用PPT的本质原因是**高效沟通**

职场沟通三大难点	突破点	解决
客户永远是缺乏耐心的 没耐心看长篇大论的Word文档 **老板永远是没有时间的** 没空看你唠唠叨叨地讲个不停 **观众永远是喜新厌旧的** 不喜欢满页的“项目符号+文字”	提前准备充足的沟通材料 找一款容易上手、大众认可、视觉丰富的沟通工具	 PowerPoint 是不错的选择

PPT 的常见用途

我们发现一个事实，几乎所有的职场单位都配置了投影仪，这意味着 PPT 也必然成为投影仪的最佳伴侣，在职场的各种汇报场景中大显身手。

汇报型PPT

汇报型PPT使用场合多为职场内部，对象多为上级领导。

PPT内容以事件和数据为主，整体设计要简洁大方，不花哨。

学术型PPT

学术型PPT使用场合多为课题答辩或培训分享，对象多为同级或同行。

PPT内容以技术点分解为主，整体设计简洁大方，多用逻辑图。

商务型PPT

商务型PPT使用场合多为商务交流，对象多为外部客户。

PPT内容以实力展现和产品卖点包装为主，整体设计要能体现公司形象。

演讲型PPT

演讲型PPT多用于公共场合，对象多为公共观众（或特定的）。

PPT内容以展现观点为主，整体设计要具有视觉冲击力，能感染人。

不管是哪种场合的 PPT，在设计上都要考虑 PPT 的阅读场景，是以看为主还是以讲为主。接下来，我们看看这两种场景下 PPT 的制作要求有何不同。

幻灯片的两大类型

按功能分类，PPT 可以大致分为演示型 PPT 和阅读型 PPT。

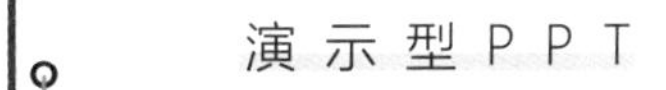

演示型PPT

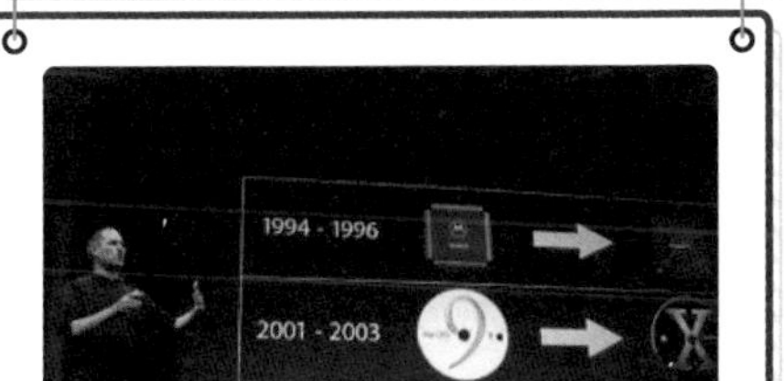

演示型PPT一般图多字少，也是大众最愿意看的PPT。

使用前提：有不错的演讲能力。

优点：富有视觉冲击力，搭配不错的演讲可以有不错的演示效果。

缺点：需要专门的人进行讲解。

阅读型PPT

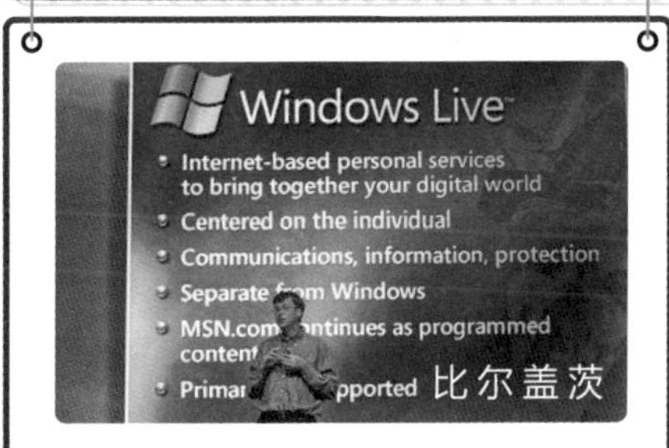

阅读型PPT一般图少字多，估计是观众不太愿意看到的PPT类型。

使用前提：复杂的信息，用于传阅。

优点：内容全面丰富，比Word文档更加精练。

缺点：信息量大，需要耗时阅读。

《演说之禅》Garr这么说

乔布斯的演讲
是**成功**的典型案例！☺

比尔·盖茨的演讲
是**失败**的典型案例！☹

Garr 说的对吗？你怎么看？

虽然乔布斯的 PPT 和演讲风格得到了很多人的推崇，但比尔·盖茨的 PPT 也未必不合格，它们用于不同的场合，对象和观众也不同。

仅从 PPT 本身，我们并不能完全判断 PPT 的好与坏。文字多的 PPT 未必就不好，PPT 毕竟是一款辅助工具，一切都服务于演示目标和观众。

接下来，我们分析一下两种 PPT 背后有哪些不同。

	乔布斯	比尔·盖茨
场合	大多为产品推广的发布会	大多为技术讲座
目的	抛出噱头，制造观众兴奋点，调动购买欲	讲解新技术特点和细节，分享为主
观众	消费者、媒体等	IT人士、技术人员

这么一看，原来两者演讲的内容、面向的观众、要解释的问题深度都有所区别，那么 PPT 的风格就很难完全相同。

通过归类，我们可以将乔布斯和比尔·盖茨的 PPT 类型再做进一步分析。

	说服型的PPT（如乔布斯）	培训型的PPT（如比尔·盖茨）
使用目的	•影响观众信念，促使观众行动 •使观众接受、支持某个观点	•中立立场，向观众传递信息 •传递知识，解释、说明复杂事物
观众接受度	•多为被动灌输 •戒备心态 •接受度低	•多为主动充电 •空杯心态 •接受度高
时间	•相对紧张	•相对宽松
沟通要点	•简明扼要，逻辑清晰	•系统全面，架构完整
设计要求	•金字塔结构，用图表说话	•内容要详尽，字略多无妨

这意味着，演讲型 PPT 和阅读型 PPT 并没有好坏之分，只有适不适合。如之前所说，只要一切能服务于演示目标和观众，即是好的 PPT。

笔者认为，我们只要适当学习视觉化的表达思维和手法，就可以做一种兼具“演示 + 阅读”的 PPT。

接下来一起看看观众更喜欢哪种 PPT 吧！

4 不瞌睡的 PPT 要这样做

好的 PPT 能够引导观众的视线，帮助观众抓住关键信息，PPT 的设计就是为了这一点而努力的——**在大量的信息中，让观众快速看到重点信息。**

符合阅读习惯的Google眼球试验

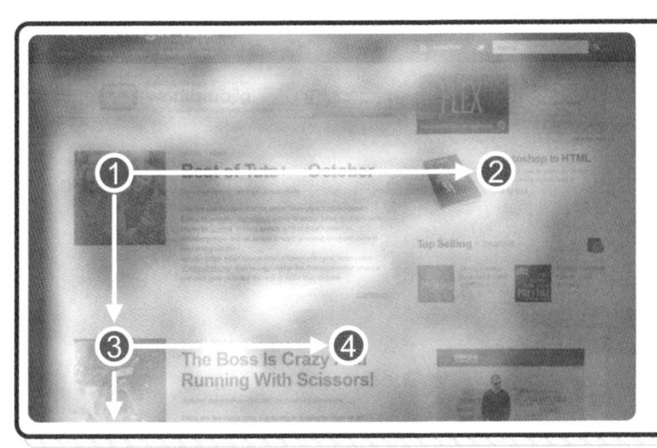

我们在浏览页面的时候，眼球运动呈F型，我们只会注意页面上方的部分，对其他地方的关注度很低。

这个理论在PPT浏览中一样发挥作用。

你可以这么理解 Google 眼球实验：观众的注意力是有限的，当观众视觉停留的第一眼里没有他最关心的东西时，他将很可能跳离你的 PPT 页面。

Google 眼球实验很好地解释了这些 PPT 为何不讨喜：

1）文字堆砌的 PPT，观众注意力有限，没法快速看到重点，失去兴趣；

2）杂乱无序的 PPT，不符合阅读习惯，不知从何开始阅读，阅读吃力。

Google眼球实验带来的PPT制作启发

1）排版符合阅读习惯的F模式，让观众阅读不吃力（好排版优先从上到下，从左往右；先看标题，再看段落；先图后文；先看强调部分）；

2）页面关键信息越少，观众注意力越集中；

3）避免千篇一律的排版风格，适当打破固有版式，能提升视觉关注度。

那么，接下来让我们一起看看观众喜欢的 PPT 是长什么样儿的。

重点突出，阅读有序

好 PPT 的基本要求是能让观众快速抓住重点，不会因为各种美化妨碍了对关键信息的理解。

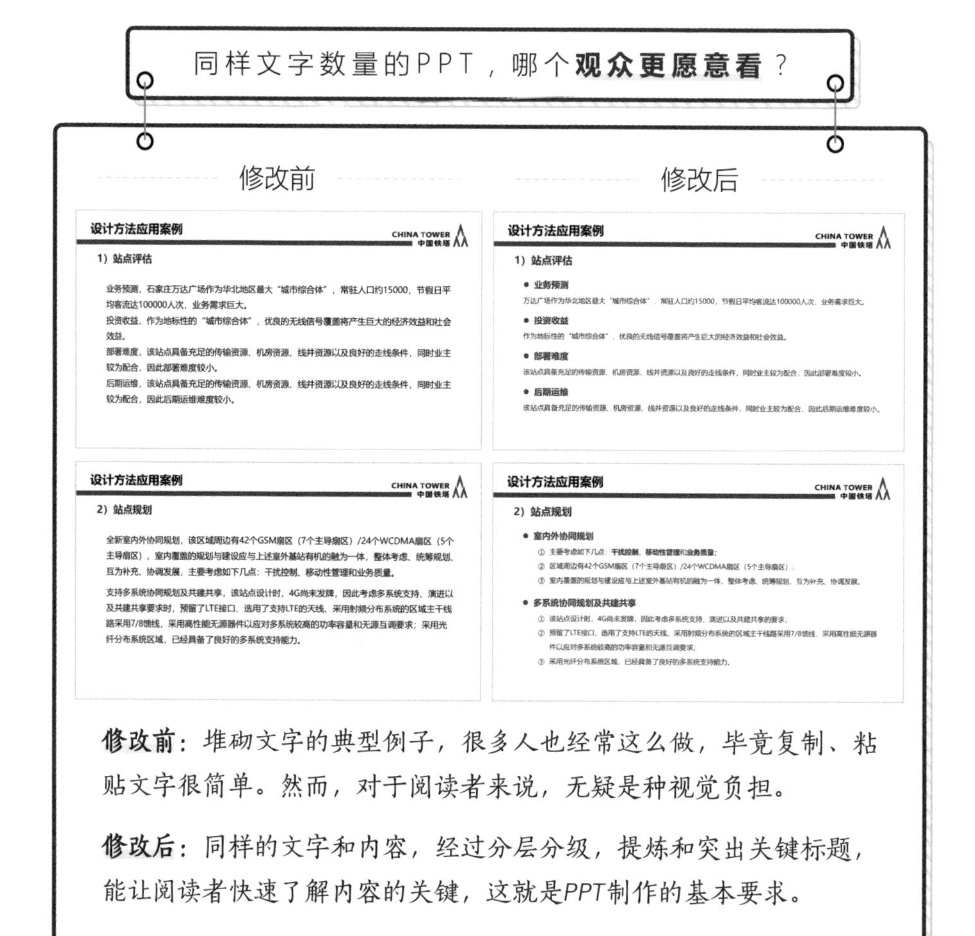

美国 PPT 制作专家赛斯·高汀说：一页 PPT 最好不超过七行字，这种观点把很多人搞糊涂了。

很多场合根本没办法用这么少的文字做出需要的 PPT，在职场中 PPT 页面内容超过七行很常见，我们认为关键问题不是行数，而是观众能否看到 PPT 页面上的重要信息。

逻辑清晰，容易看懂

好的 PPT 应该让观众快速理解演讲者的意图，如果观众很难一下子理解 PPT 的内容，那么这个 PPT 很有可能也是失败的。

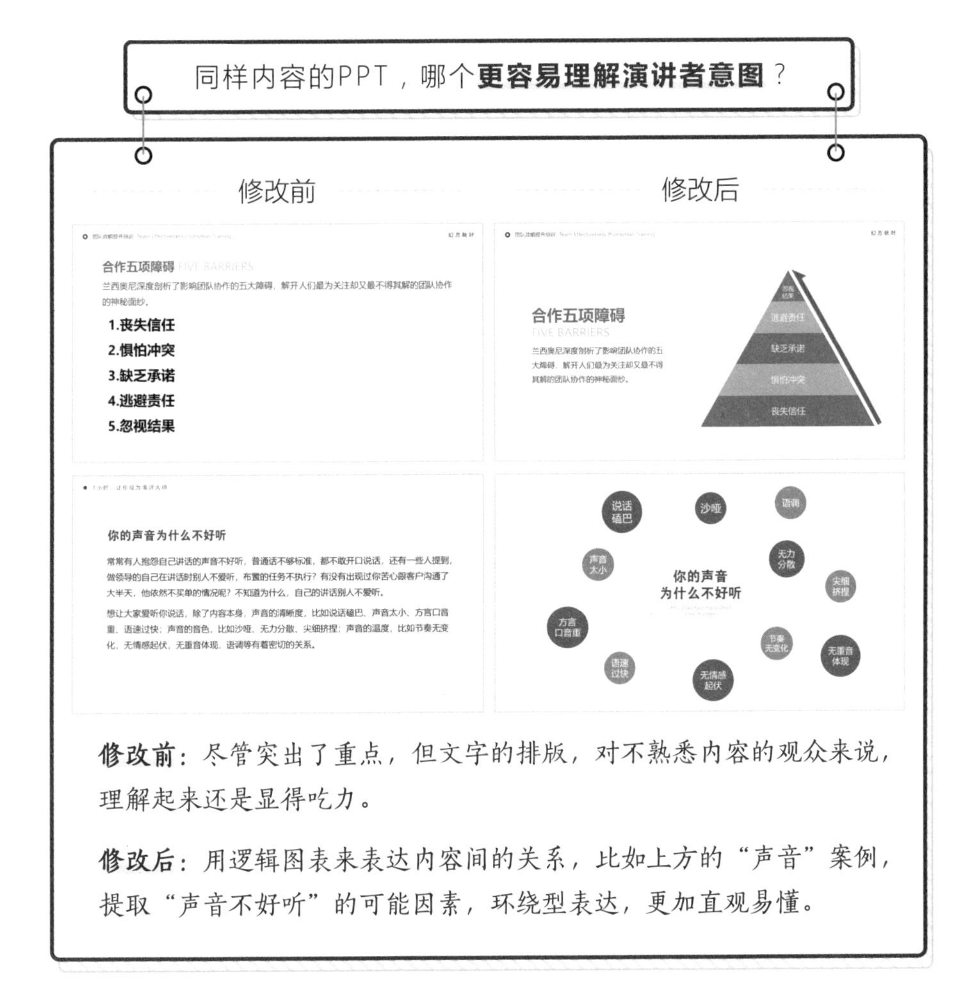

尽管分层分级突出重点可以帮助观众快速了解 PPT 页面的关键内容，但假如有比较多的段落文字，演示状态下观众的阅读注意力会容易发散，显然不利于观众快速理解演讲者的意图。

这时，就需要用图表的表达形式来呈现内容，借助图形逻辑关系降低观众的理解难度。毕竟，比起文字，大多数人还是更喜欢看图形的。

抓人眼球，观众爱看

新手做 PPT 容易自嗨，以为用了自己喜欢的素材 PPT 就美。请务必先了解观众的审美水平。能抓人眼球的 PPT 不一定是好 PPT，但连眼球都抓不住的 PPT 肯定不是好 PPT。

修改前：页面太简单，有种廉价感，作为一份商业计划书的话，很难吸引投资者的眼球，也很难勾起投资欲望。

修改后：用图进行视觉表达，增强视觉冲击力。如第一个封面案例，用契合App使用场景的图片来作为背景，显得更加专业。

PPT 本质上注重的还是高质量的内容，我们希望的是能掌握简单而又好用的视觉化思维和技巧，来做出简洁美观的 PPT。尽管笔者不提倡过度地关注视觉设计，但假如一份 PPT 中的关键页面能达到抓人眼球的效果，可以很好地帮助演讲者提升关键演示效果。

其实很多 PPT 设计一开始就重视了版面规划，更容易突出重点。

幻灯片的版面风格分类

按 PPT 页面排版风格，PPT 还可以大致分为全图型、半图型和文字型。

全 图 型 P P T

全图型*PPT*的特点是就一张背景图加少量文字或不配文字的*PPT*设计风格，也是*PPT*大师*Garr Renolds*极力推崇的一种风格。

半 图 型 P P T

很多实际应用场合并不适用全图型，可以折中考虑采用半图型*PPT*。在*PPT*页面适当增加图片，让整个*PPT*视觉化效果有极大提升。

文 字 型 P P T

文字型*PPT*比较少见，也不太适用于职场。大字型的高桥流*PPT*（左图）和全字型的奥美*PPT*（右图）是两个比较典型的例子。

5 向更专业的设计者学习制作 PPT

向广告作品学习

有些广告简单明了，却总是让人拍手称好。

创意爆棚的广告

某家具商高速公路广告牌
用家具拼成单词“JOY[乐趣]”

某面包店户外广告牌
中空的面包是谁偷吃的？

某刀具品牌广告宣传
锋利得不小心将刀座给切了

某快递服务品牌宣传
到手打开快递，依然完好

这些广告创意同样适用于 PPT 的视觉设计，展示创意点比视觉化效果重要得多。同时，也告诉我们一个简单的道理：

“不是放的信息越多，观众就越容易记住。”

向发布会 PPT 学习

发布会型 PPT 可以说是 PPT 场景用途中最“贵”的 PPT，因为其卖点包装、视觉呈现往往需要投入一支专业的团队。

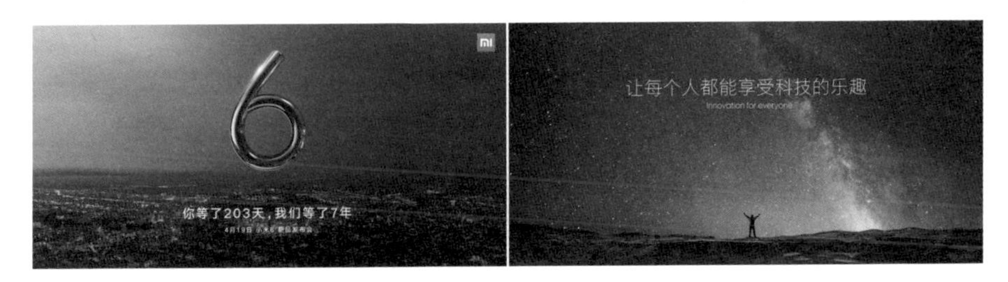

小米是至今为止，举行产品发布会频率最高的公司之一，每有新产品，必开发布会。每次的发布会，PPT都成为朋友圈、微博的话题点。

罗辑思维发布会开辟了新认知——给知识开发布会。罗振宇精心策划的演讲编排和精致震撼的幻灯片经常成为演讲和PPT制作的学习案例。

尽管职场 PPT 在很多实际应用场景中并不适用，但这并不妨碍我们开阔眼界，说不定某个重要公开场合的演示就可以拿来借鉴引用了。

向咨询公司 PPT 学习

对绝大部分人来说，字多信息量大的 PPT 一定比字少信息量少的 PPT 要显得繁杂乱。实际并非如此，其中的关键取决于能否将信息合理地安排到页面，经过合理排版，字多信息量大的 PPT 也可以简洁大方。

视觉化专家认为，页面的简洁大方与否与“内容的多少”没有关系，与“表现形式”也没有必然关系，而与“对元素的安排是否有逻辑性”有关系。

职场 PPT 往往字多数据多信息量大，而行业咨询类 PPT 和行业报告类 PPT 是最值得借鉴的优秀 PPT 案例。

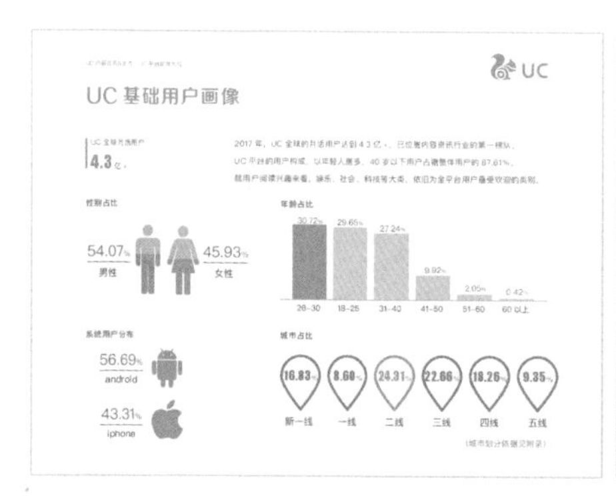

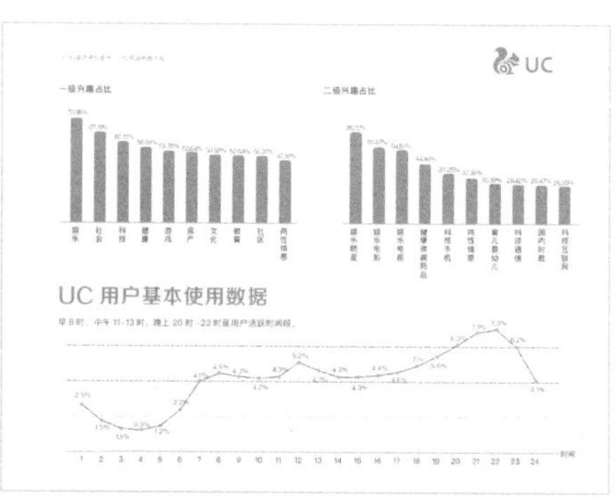

*来源：2017年度UC内容资讯白皮书

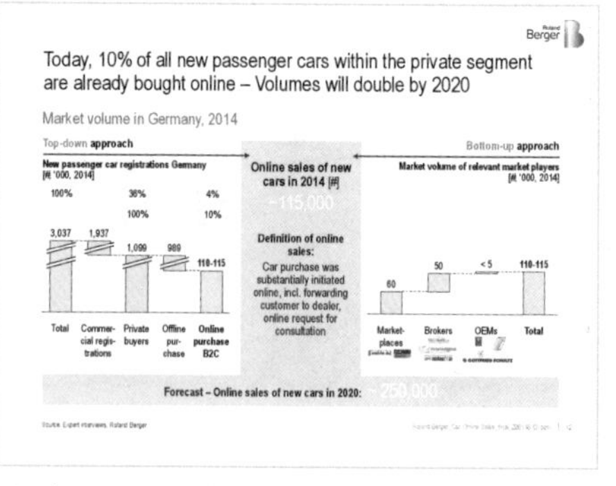

*来源：罗兰贝格–2016年全球新车电商市场研究

犹如上方的两个案例，尽管每个页面内容信息量非常大，但经过合理编排，页面显得简洁大方而有序，观众阅读起来不会不耐烦。

职场常用的幻灯片设计风格

随着大众审美的提高，结合 PPT 软件设计功能的强化，涌现出各种设计风格的 PPT，这些 PPT 制作风格值得我们学习和参考。

然而，需要注意的是，往往会有人过度地关注页面设计，忽略了内容本身的质量和逻辑，即使表面看起来美观酷炫，本质上却是“华而不实”。

网上有很多不同风格的 PPT 模板，在选择时一定要记住自己的设计风格是否与使用场景匹配，用对了才合适。

6 应用领域越来越跨界的 PPT

PPT 可以做电子相册，觉得很高级？

假如你还停留在这个想法，很有可能你已经落后了。随着 PPT 视觉制作功能的强化，以及各式各样插件（如 iSlide、口袋动画等）的出现，PPT 被各种牛人玩出了新花样。

你可能不知道的跨界PPT用途

书籍排版 读书笔记PPT 海报展板 H5页面 快闪动画
一张图看懂XX系列 信息图表 企业文化刊
MG动画 鼠绘 个人名片 电子杂志

#海报#

#鼠绘#

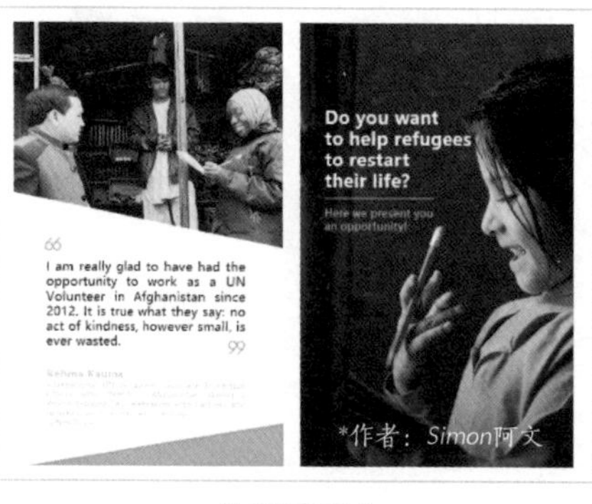

#H5页面#

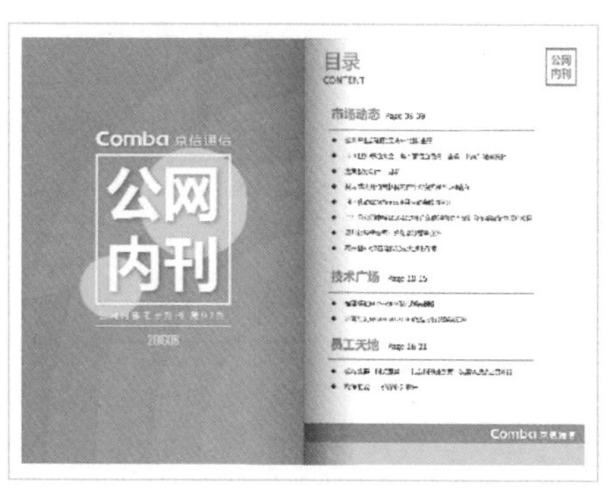

#电子内刊#

这些用途尽管少见，但一旦用得好，可以给我们带来很多好处！

第 02 章

我的 PPT 为什么做不好

扫码看视频

你做的 PPT 是这样的吗？

作为 PPT 新手的你是否遇到过这种情况：

看到好看的案例，兴致勃勃地打开 *PPT*，花费几个小时做几页 *PPT*，做出来的 *PPT* 却“惨不忍睹”，堪称 *PPT* 界的买家秀和卖家秀。

归根到底，是没有正确认识 *PPT* 的原因。

让我们一起来看一下，工作生活中，你制作的 PPT 是不是这样子的？

新手制作PPT常犯的10个错误

将自身的优势一一发掘——让公司感觉你就是他们要找得人

- 自身综合素质、能力的自我测评。我学习了什么？在学期间，我从学习的专业中获取些什么收益；参加过什么社会实践活动，提高和升华了哪方面知识。我曾经做过什么。即自己已有的人生经历和体验，如在学期间担当的学生干部，曾经为某知名组织工作过等社会实践活动，取得的成就及经验的积累，获得过的奖励等。
- 分析自己的性格、气质。一个人的性格和气质对所从事的工作有一定的影响，如果能从事与自己的性格、气质相吻合的工作，就容易出成绩。可以通过职业素质测评体系对自己的性格、气质进行一定的分析。
- 自己在择业过程中，具有哪些优势。如自己的兴趣、特长、爱好是什么，有何出众的能力（包括潜能）等，哪些劣势，如性格的弱点，经验与经历中所欠缺的方面。应该如何扬长避短。

 # Word搬家 #

为了节约时间，直接把*Word*素材复制到*PPT*上，没有提炼

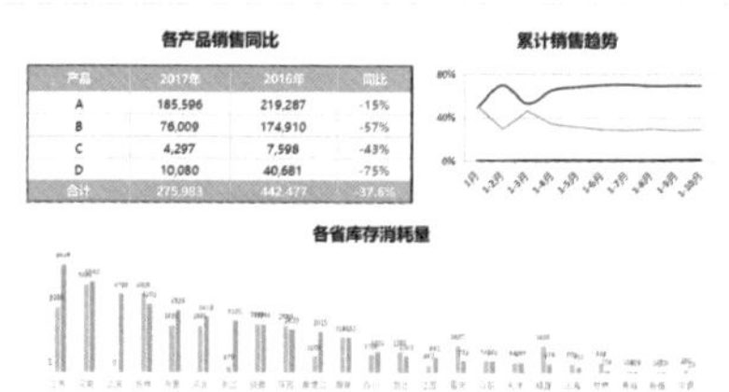

 # 堆积图表 #

每个页面上堆积了大量图表，却没有说明数据反映了什么趋势

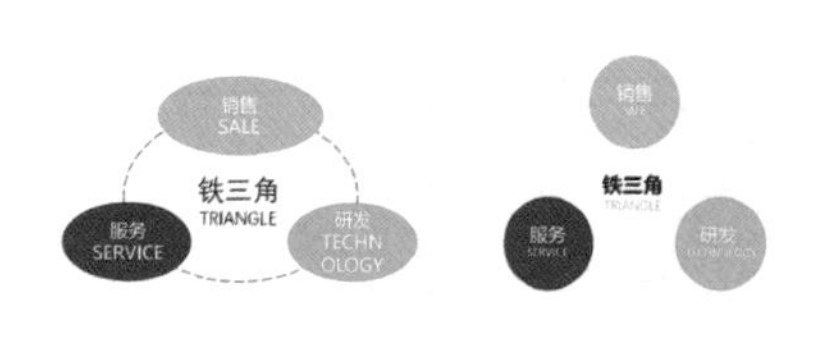

 # 图表业余 #

想用图表达自己的逻辑，但没有专业的模板，自己画的图非常业余

 # 滥用模板 #

看到喜欢的模板就用到*PPT*里，却没有考虑和自己的主题是否相符

互联网时代的通信方式

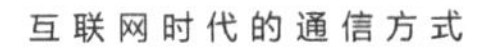

家庭座机

移动手机

电 脑

 # 风格杂乱 #

收藏了很多大公司的PPT，结果自己做出来的成了四不像风格

 # 低劣图片 #

想给PPT配图增加活力，费心找的却是低劣图，降低了PPT的档次

 # 滥用美图 #

遇到喜欢的美图就用到幻灯片中，没有考虑是否可以和主题建立联想

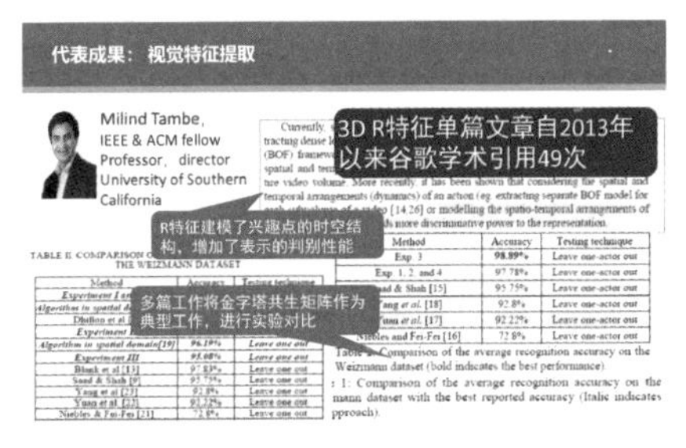

 # 排版混乱 #

没留意统一PPT的字体大小、段落排版、项目编号，甚至故意求异为美

技术领域优势（工艺水平优势）

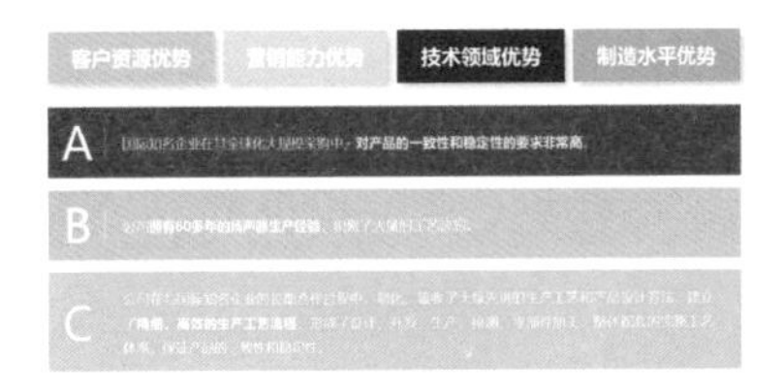

 # 五颜六色 #

觉得自己的PPT颜色太单调，结果一弄，每个页面都花花绿绿

 # 背景和文字颜色相近 #

没注意投影和计算机显示的差异，文字颜色和背景颜色近似，看不清

新手制作 PPT 时常处于“自嗨状态”：

只按自己的审美和理解模式制作 *PPT*，这样做出来的 *PPT* 往往只有自己能看懂，观众看起来却极为吃力，不知所云。

这样做出来的 PPT 都有以下共同的特点。

而造成这样的原因主要有以下 3 个。

1 做不好 PPT 原因之一：没有逻辑，一头雾水

执着于视觉设计？你可能偏了。我们来看个最简单的观点提炼的逻辑案例。

微软Office

Microsoft Office PowerPoint，是微软公司的演示文稿软件。用户可以在投影仪或计算机上进行演示，也可以将演示文稿打印出来，以便应用到更广泛的领域。如在互联网上召开面对面会议、远程会议或在网上给观众展示演示文稿。
Microsoft Office Word，是微软公司的一个文字处理器应用程序。Word给用户提供了用于创建专业而优雅的文档工具，帮助用户节省时间，并得到优雅美观的结果。一直以来，Word都是最流行的文字处理程序之一。
Microsoft Office Excel，是微软公司的办公软件Office的组件之一。Excel是微软办公套装软件的一个重要的组成部分，它可以进行各种数据的处理、统计分析和辅助决策操作，广泛地应用于管理、统计财经、金融等众多领域。

修改前： 典型的复制、粘贴的文档型*PPT*。显然，不仅没有重点，我们也很难从中获取到有用的信息，看完也是不知所云。

微软Office是全球普及的办公软件

PPT是应用广泛的演示工具

Microsoft Office PowerPoint，是微软公司的演示文稿软件。用户可以在投影仪或计算机上进行演示，也可以将演示文稿打印出来，以便应用到更广泛的领域。如在互联网上召开面对面会议、远程会议或在网上给观众展示演示文稿。

Word是职场日常办公常用的工具

Microsoft Office Word，是微软公司的一个文字处理器应用程序。Word给用户提供了用于创建专业而优雅的文档工具，帮助用户节省时间，并得到优雅美观的结果。一直以来，Word都是最流行的文字处理程序之一。

Excel是数据处理、财务统计常用的工具

Microsoft Office Excel，是微软公司的办公软件Office的组件之一。Excel是微软办公套装软件的一个重要的组成部分，它可以进行各种数据的处理、统计分析和辅助决策操作，广泛地应用于管理、统计财经、金融等众多领域。

修改后： 好的逻辑起码是经过提炼的，而且要赋予你的观点。经过层级化分段式的逻辑化，让你的观点更加清晰好理解。

觉得提炼观点的逻辑案例还是太简单？

那我们结合阅读习惯，再举一个稍微复杂的案例来说明逻辑的重要性。

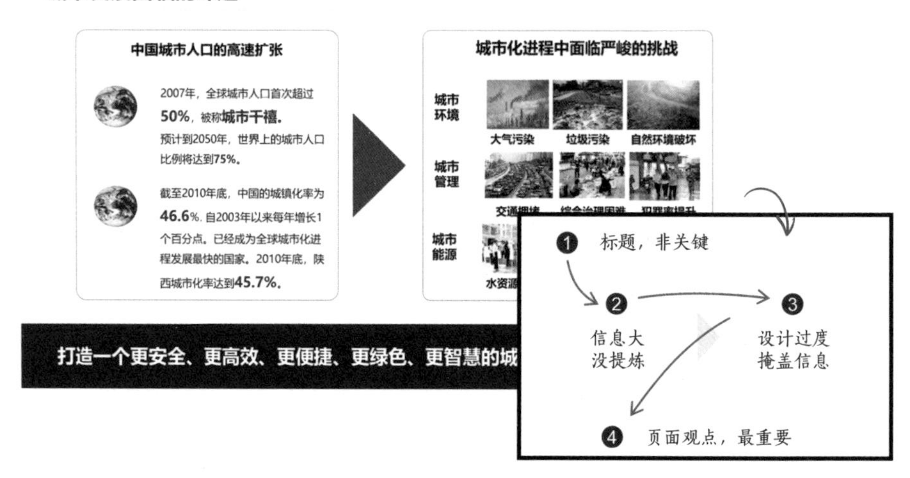

修改前：乍一看不错，但看完你可能会觉得顺序不对，没法直观地获取关键观点，过度的视觉化也显得信息量极大。

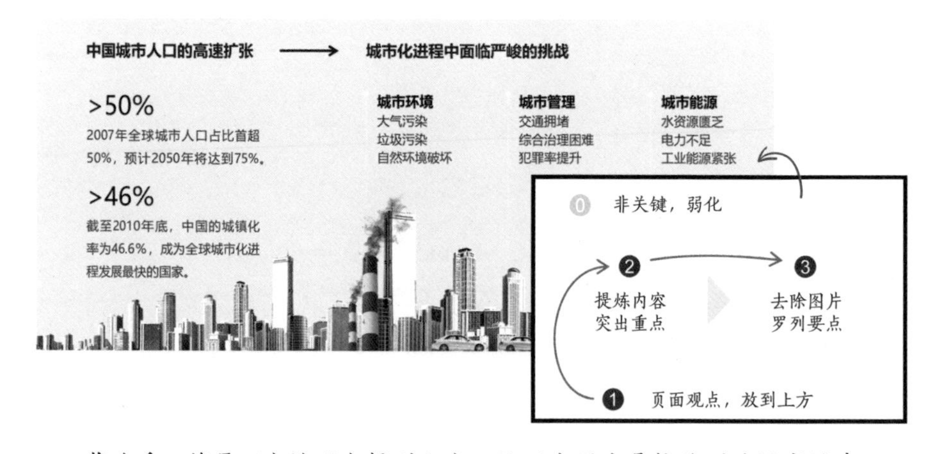

修改后：将最下方的观点提到上方，让观众更容易接收到演讲者的意图。删除水分内容，对关键内容进行提炼分类，规范排版。

如果你觉得前面两个案例还不足以说明逻辑的重要性，那我们再来看两个“其貌不扬却被当成经典”的 PPT 优秀案例。

2014年，这份路演PPT为阿里巴巴拿下了235亿美元的IPO融资！堪称当时全球最大规模的融资！尽管在美观上还有很大的优化空间。

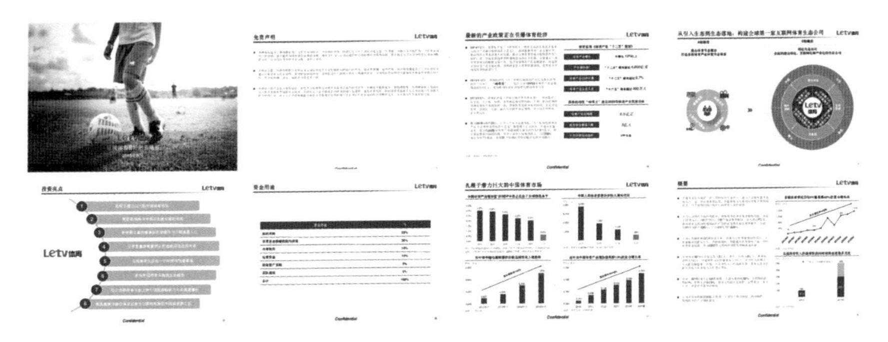

2015年，乐视体育B轮投资，拿下3亿元人民币融资。乐视凭借这些PPT创下超百亿元人民币的融资记录。尽管他们的幻灯片看起来像文字堆砌的PPT。

假如把 PPT 的逻辑当“人的身材”，把 PPT 设计当“服装搭配”。那么，没有“好的身材”，PPT 设计得再好所衬托的依然是“服装”，而不是“人”。

好的 PPT 设计为辅，最重要的还是逻辑！

上面两个案例尽管设计一般，但内容专业而具有深度，逻辑更是层层推演、步步引导，给投资者提供了足够的融资信心。

2 做不好 PPT 原因之二：素材不好，粗糙简单

巧妇难为无米之炊，做 PPT 时的你是不是这样的：

抱怨无从下手："连素材都没有，怎么做 PPT 呀？"

于是习惯性地先上网找一些模板，再搜刮一些素材，才开始制作 PPT。

为什么你制作 PPT 会有这样的习惯呢？

原因很简单，因为对于你来说，可能很难做到这种程度：

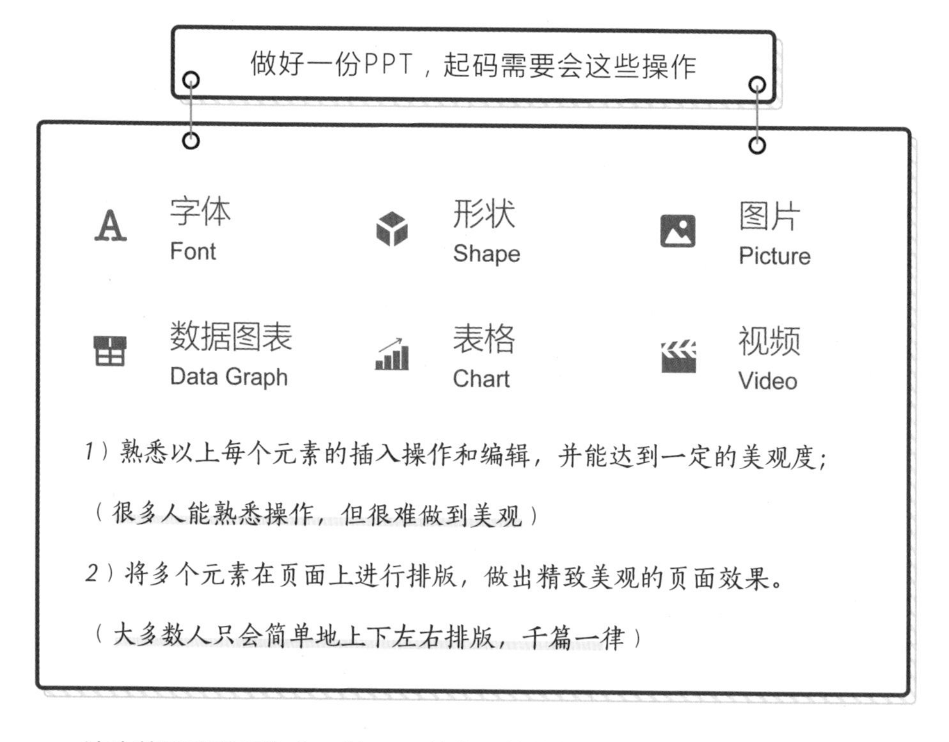

这也就不难理解你会一做 PPT 就先开始找模板找素材了。毕竟，精美好看的模板用起来不仅便捷，也比自己制作的效果要好看。

然而，即使有模板素材，做出来的 PPT 可能还是不忍直视。

原因无非有二：一是素材太劣质；二是错误地使用素材。

接下来我们先谈谈前者如何解决：一流的素材哪里找？

模板

尽管使用精美的 PPT 模板会便捷很多，但在选择和使用上需要注意。

1）模板的选择要切合主题；2）模板的使用不能完全套用。

哪些模板网站值得推荐

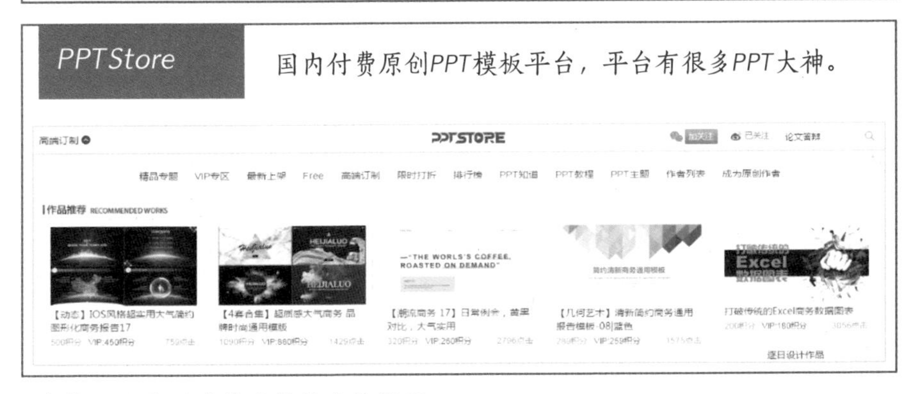

备注：以上百度搜索网站名称即可。

图片

图片是让 PPT 视觉化的主流素材，好的图片能让页面具有很强的视觉冲击力。大多数人因为缺少专业的图片搜索渠道，所以没能找到高质量的图片。

主 流 图 片 网 站 推 荐

PEXELS

图片质量非常高的免费商业版权图库，英文检索。

pixabay

全球最大的免费商业版权图库，支持中文检索。

花瓣网

灵感收集网站，有很多精美高质量的背景图片。

备注：以上百度搜索网站名称即可。

除了主流的图库网站，有一些比较小众的主题图片网站也值得推荐。

小众的主题图片网站推荐

免费商用版权摄影图库，以风景图为主，英文检索。

Stocksnap.io

图片风格比较小清新的免费可商用图库。

顾名思义，主要是食品类的图片，吃货设计师的天堂。

PAKUTASO

日系风格的图片库，有很多日系风景和写真图片。

备注：以上百度搜索网站名称即可。

字体

大多数人制作 PPT 时会忽视对字体的选择，好的字体可以为 PPT 增彩不少。同样的内容，不同的字体，会表现出不一样的感觉。

字体推荐在“字客网”上寻找下载，也可以上各官方网站下载使用。

职场商务占据 90% 的 PPT 使用场景，这里重点推荐一下商务字体组合。

商务感强的字体组合推荐

商务类型字体的特点多为工整方正，没有太多设计，常给人严肃的感觉。假如你不懂得如何搭配字体，微软雅黑可以是首选。

除了商务类型字体，我们也整合了一些常用类型的字体，一起来看一下。

文化感强的字体组合推荐

文化感强的字体，多为线条曲线柔滑，给人一种古朴历史的感觉。

童趣感强的字体组合推荐

特点一般为活泼可爱，适用于亲子、女性、公益等比较和谐的场景。

冲击力强的字体推荐

冲击力强的字体，多为笔画粗壮有力，线条有张力感。这类字体非常适合用来作为封面的设计。

冲击力强的字体使用得当，即使不使用图片，也可以做出具有强烈视觉冲击力的PPT，比如下方同一文案，使用不同字体的效果。

区别于中文字体，英文和数字也经常用在 PPT 设计中。这里，我们单独推荐一下经典而又富有美感的英文、数字字体。

英 文 & 数 字 字 体 推 荐

ADELE 字体

ABCDEFGHIJKLMN
OPQRSTUVWXYZ

Abcdefghijklmn
opqrstuvwxyz

0 1 2 3 4 5 6 7 8 9

*ADELE*字体纤细富有美感，对于以英文为主的*PPT*，是不错的选择。

Futura 系列字体

ABCDEFGHIJKLMN
OPQRSTUVWXYZ

Abcdefghijklmn
opqrstuvwxyz

0 1 2 3 4 5 6 7 8 9

*Futura*系列字体富有现代设计感，非常适合用于排版和印刷。

Din 系列字体

ABCDEFGHIJKLMN
OPQRSTUVWXYZ

Abcdefghijklmn
opqrstuvwxyz

0 1 2 3 4 5 6 7 8 9

*Din*系列字体，广泛用于德国的交通标识和空间设计，是不错的字体。

图标

还在用剪贴画？你的审美可能已经落伍了。用图标美化 PPT 页面已经是非常常见的手法，不妨看看下面这几个网站。

常 用 的 图 标 库 推 荐

备注：以上百度搜索网站名称即可。

配色

色彩是最直接向观众传达视觉印象的一种元素。许多大公司的 PPT 模板中，会依据品牌的视觉形象，有一套完整的配色方案。

*来源：某公司PPT模板规范

但公司的 VI 配色一般有专业的设计公司提供，涉及很多专业的配色理论。对于想自己搭配颜色的你来说，可能显得困难。

所以，我们的建议是：用 PPT 的取色器，套用现成的配色。

那么，有哪些现成的配色方案可以参考借鉴呢？

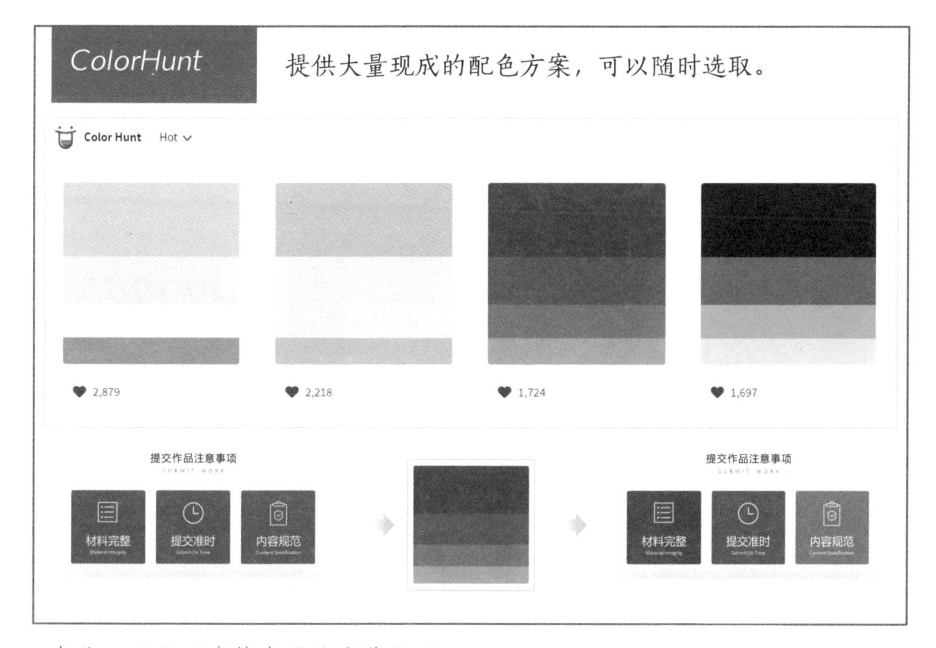

备注：以上百度搜索网站名称即可。

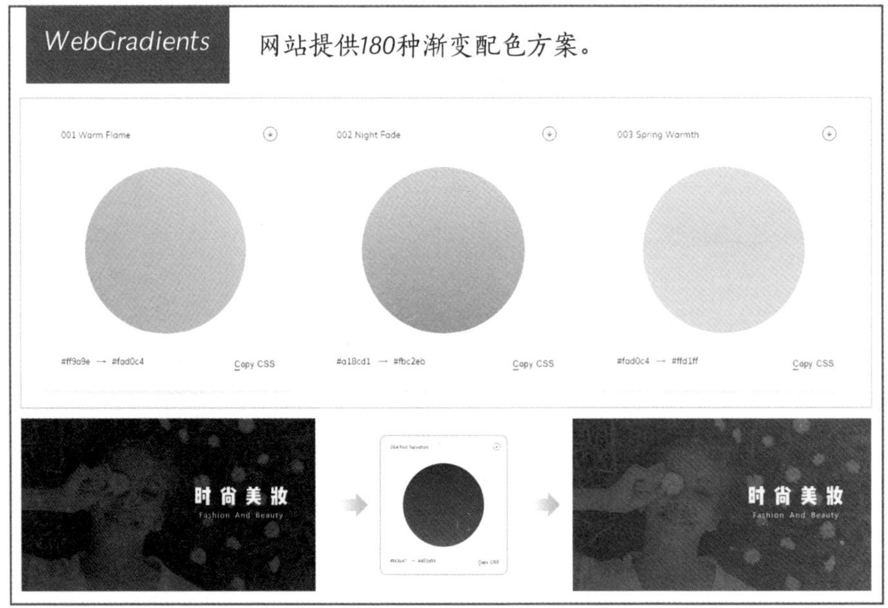

PPT 中的色彩搭配，我们并不建议你太过深入研究，因为会比较难。

我们建议优先使用公司自有的配色规范或 LOGO 的配色。若没有，建议以清爽简洁的颜色为主，并且不超过 3 种颜色。

备注：以上百度搜索网站名称即可。

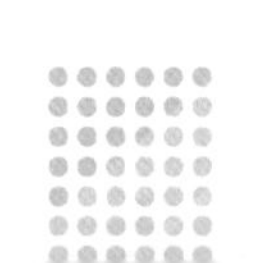

3 做不好 PPT 原因之三：不懂审美，滥用素材

罗子雄在 *TEDXchongqing* 的演讲《如何成为一名优秀的设计师》中，引用肥肥猫《知乎：就 2015 年初而言，国人的审美大体处于一个什么样的水平？》的答案，很好地诠释了大众的审美水平。

*来源：罗子雄TEDXchongqing 演讲PPT

审美决定了设计的上限，影响 PPT 的设计水平。

尽管做 PPT 不需要像平面设计师那样，需要有较高水平的审美，但起码也要跟上审美趋势，了解大众喜欢的美感。

那么如何提升自己的审美水平呢？最好的方法是：

1）多看优秀案例（打开眼界，学习美的作品是什么样的）；

2）从身边的美中模仿借鉴（学习打造美的作品）。

从生活中模仿借鉴

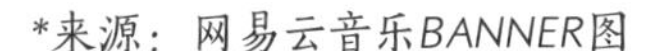

*来源：网易云音乐BANNER图

借鉴模仿配色和排版，加上自己的内容和元素，可以做出不错的PPT设计。

关注生活中点滴的美，网上如网易云音乐、时光网的BANNER图，生活中如地铁海报、公交站台海报等都是不错的模仿借鉴作品。

高质量的素材固然能提高美观度，但有了素材就能做出好的 PPT 吗？并非如此，你还要会合理地使用素材。

审美不好，滥用素材做出惨不忍睹的 PPT 的人比比皆是。

让我们看一下，低手和高手使用素材的区别：

《低手审美不足 使用随心所欲》

《高手实用为主 搭配合理大方》

中国移动
China Mobile
2018年
工作总结
Summary Of Work In 2018

低手不管三七二十一，只要是好看的模板，不考虑适不适用，先用了再说。

高手找素材，充分考虑与主题、行业等关键词搭不搭，再决定使不使用素材。

文化创新 创新升级

广东省

广东省

多个素材不会搭配，如用了好背景，却没选好字体。

充分发挥素材效果，素材不仅选得好，用得更好。

4 高手和菜鸟的 PPT 思维差异

菜鸟通常是这样做 PPT 的：

高手是这样做 PPT 的：

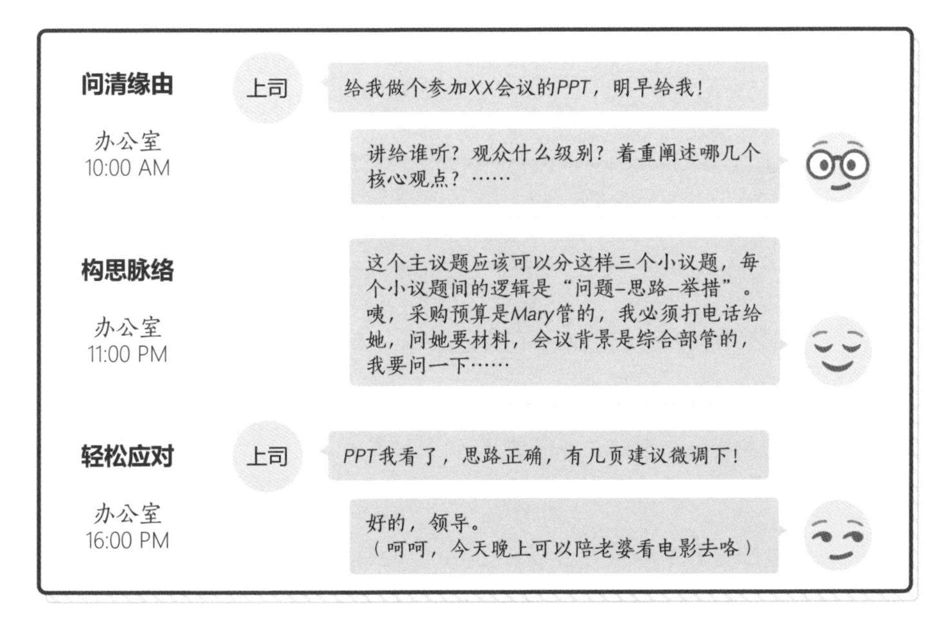

菜鸟和高手的本质区别是**思维**

菜鸟的PPT思维	高手的PPT思维
将PPT当成目的，完成就好。 接到任务，愁眉苦脸，赶紧找素材开始PPT制作。	将PPT当成手段，助力目标。 思考如何才能传递自身意图，达成共识，助力下一环节达成业务。
听命令，领导说做PPT就做PPT。	除了PPT，还有没有更好的表达形式，或需不需要其他辅助材料。
做得越好看越出彩，领导越满意。	考虑使用场合，有没有可能做得简洁低调些比较好。
局限于PPT，忽略演示现场状况。	为了演示做PPT，考虑现场投影、光线、音响设备等完美搭配。
这个模板真好看，哪里下载的？	用这个模板适不适合主题？
背景主题从哪里找到的？	背景主题和论点会不会不协调？
这个动画特效是怎么做到的？	这个动画用得合不合适？
好看的图片去哪里下载的呢？	这张图片会不会影响论点？
这个字体哪里来的？	这个字体适不适合观众阅读？
色彩去哪里学习啊？	为什么这个PPT色彩是搭配的？
这个PPT用了哪个公司的素材呢？	为什么这套PPT如此有说服力？

PPT 制作不仅仅是一门艺术，它还是逻辑、美学、演讲的学问。

优秀的 PPT 是内容和形式的完美统一。掌握配色、排版、特效等技术固然重要，但对大多数场合来说，并不要求专业水准，只需掌握基础的美化操作就可以了。

技术和操作并非制作高水平 PPT 的主要障碍，掌握 PPT 的思维模式才是关键。只要方法得当，菜鸟也可以很快变身为高手！

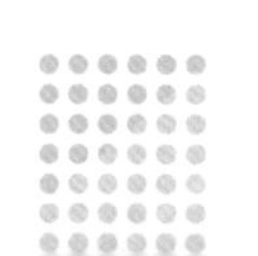

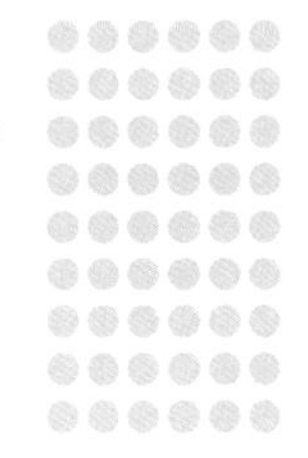

第 03 章

好 PPT 的两大原则：逻辑化和视觉化

扫码看视频

1 PPT 为什么要逻辑化和视觉化

评价一份 PPT 的好坏，一般看两点：

1）内容是否专业（内容是否具有说服力，内容表达是否具有逻辑性）；

2）页面是否美观（内容呈现是否视觉化表达）。

内容是否具有说服力取决于个人的业务能力，假设你的业务能力还不错，这时要做出不错的 PPT，就要看这份 PPT 的逻辑化和视觉化程度。

PPT 为什么要逻辑化？

逻辑化的关键在于如何结构化表达，好的结构化表达往往能让对方更好、更快地理解自身表达的意图，尤其适用于 PPT 这类高效沟通工具。

生活中时常有人说“说话要有逻辑”，本质是指语言的因果关系要严密，论据能够支撑论点，言之成理，环环相扣，没有漏洞，让人信服。

举个简单的例子：

小鱼妈妈让小鱼去买点东西，说：“去买点萝卜、苹果、香菜、青瓜、香蕉和桃子。”

这样的表达非常常见，但东西（事情）一多，就会变得难记忆（理解）。

同样的内容，假如换种逻辑结构化的表达：

小鱼妈妈让小鱼去买点东西，说：“去买点蔬菜和水果。蔬菜买萝卜、香菜和青瓜，水果买苹果、香蕉和桃子。”

这样一来，只要记住蔬菜买几样，水果买几样，是不是就容易理解了呢？

这即是逻辑结构表达化的好处，结构分类后再进行表达。

以上只是简单的逻辑结构化表达的例子，PPT 需要的逻辑会更加复杂，我们会在后面的章节讲述 PPT 的三段式逻辑和打造逻辑感的方法。

PPT 为什么要视觉化？

PPT 的优势在于能快速将内容用形状、图片、视频等方式进行可视化呈现，这是文档软件（如 Word）远不能达到的。

PPT 作为高效沟通的工具，要在短时间传达演示者意图，有两点挑战：

第一，如何表达能让观众快速理解意图（逻辑结构化表达）；

第二，如何短时间内抓住观众的眼球（视觉化表达）。

小鱼买蔬果的PPT，你喜欢看哪个？

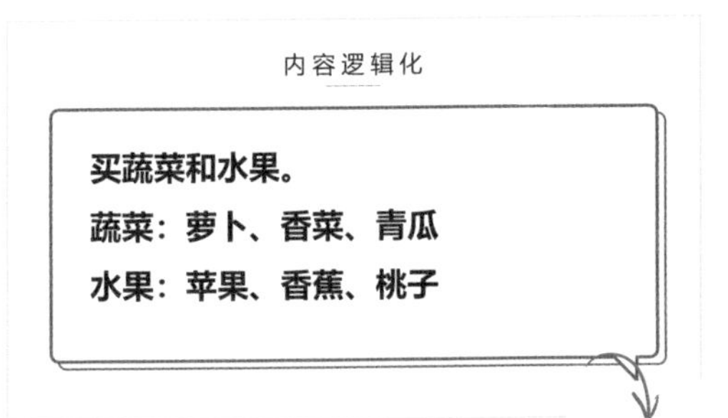

内容逻辑化

大多数人能将内容归纳结构化表达，但90%的人习惯复制、粘贴，放到PPT上大多是堆砌文字。

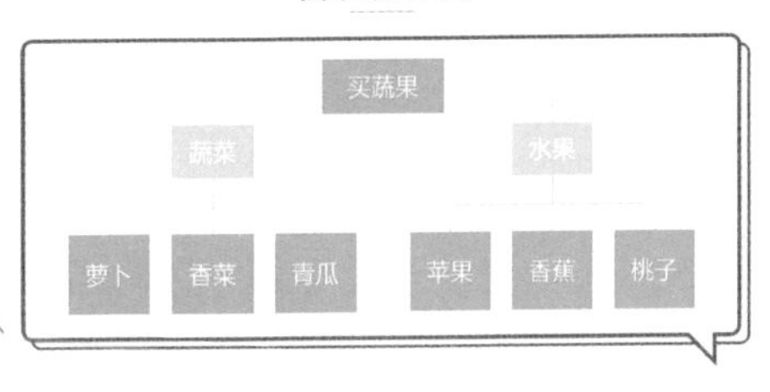

图表化表达

适当用图表来表达内容的逻辑结构，是职场PPT常见的视觉化形式，也是相对简单的视觉化表达。

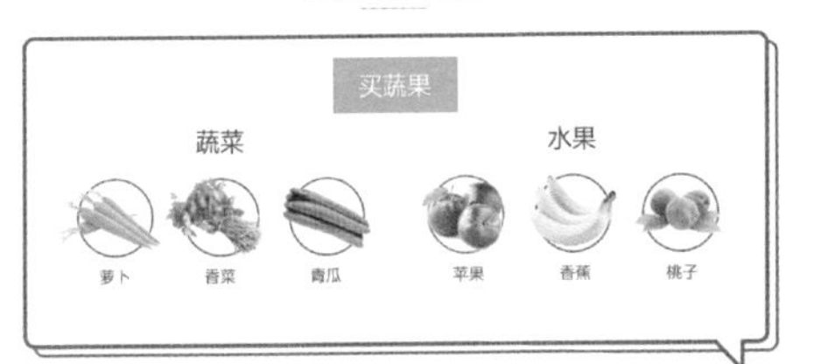

图片化表达

一般用图片来代替枯燥堆砌的文字。观众更加喜欢图片化表达，当然前提是有结构化逻辑。

“逻辑化”和“视觉化”永远受欢迎，比起几十页的 Word 文档，我们还是更愿意看 PPT，当然前提是这个 PPT 制作不太倒胃口。

2 什么是 PPT 里的逻辑化

PPT 与 Word 使用场景的不同之处在于：

文字为主，通文连贯
注重内容逻辑

多用于传阅
需要花较多时间阅读

图形为主，视觉丰富
PPT的三段式逻辑

多用于演示
短时间传递关键信息

PPT 本质上是一款视觉传达的沟通工具，它的优势在于能利用视觉化的元素吸引观众的眼球，短时间内让观众获取关键信息。

PPT 不像 Word，仅需要考虑文档的逻辑结构化，它还需要考虑如何呈现能让观众更喜欢看和更容易看懂，还要考虑如何展示能配合你的演讲。

因此，在 PPT 中，除了内容的逻辑外，你还需要额外关注 PPT 的设计逻辑和演讲逻辑。

PPT 的内容逻辑

指的是内容的逻辑需要结构化，这在职场的任何场景都能适用，是最基本的逻辑要求。结构化的好处在于让逻辑更加清晰，让观众更好地接收信息，以此达到我们的演讲目的。

大部分人会花费精力去研究内容的最佳表达方案，如文字、图片、动画还是视频，而忽略了内容在逻辑上的严谨性，殊不知 *PPT* 的说服力是建立在逻辑上的。

构建严谨的 PPT 逻辑结构，需要遵从 MECE 原则。

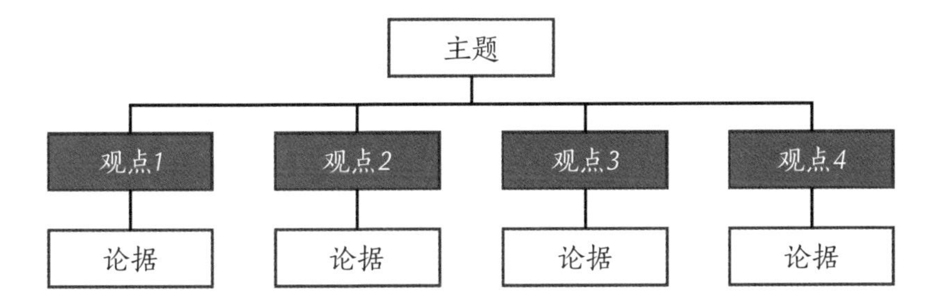

*MECE*原则是由《金字塔原理》作者巴巴拉·明托(*Barbara Minto*)于*1973*年发明，也是麦肯锡思维过程的一条基本准则。

*MECE*是对问题的分析，各个分解点要做到不重复、不遗漏，从而直达问题的核心，并找到问题的解决方法。

PPT 逻辑是否严谨，取决于这份 PPT 的大纲设计是否具有完整的结构化。

我们以“年度总结”为例，来看下大纲构建在逻辑上的区别。

逻辑混乱的做法：

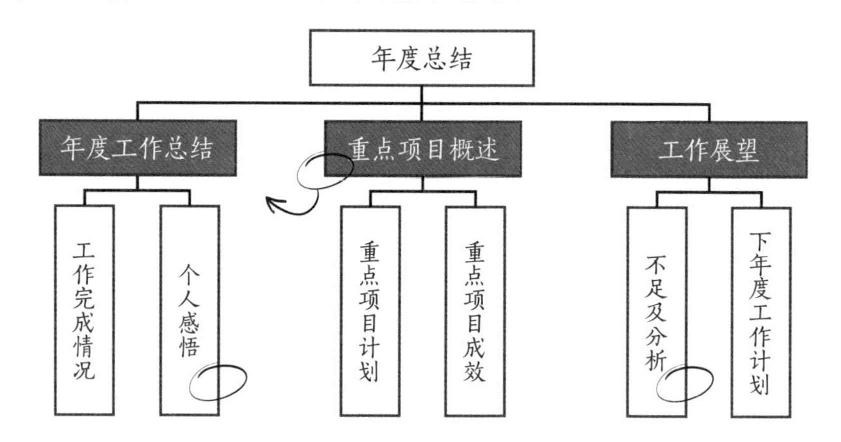

以上方的大纲来制作的PPT，逻辑是混乱的，因为它不符合MECE原则：

1）年度工作总结、重点项目概述、工作展望三个维度并非相互独立；

2）重点项目概述，应该是属于年度工作总结的一部分；

3）个人感悟和不足及分析，应该是同维度独立的内容。

通过以上的分析，我们可以得出逻辑严谨的做法：

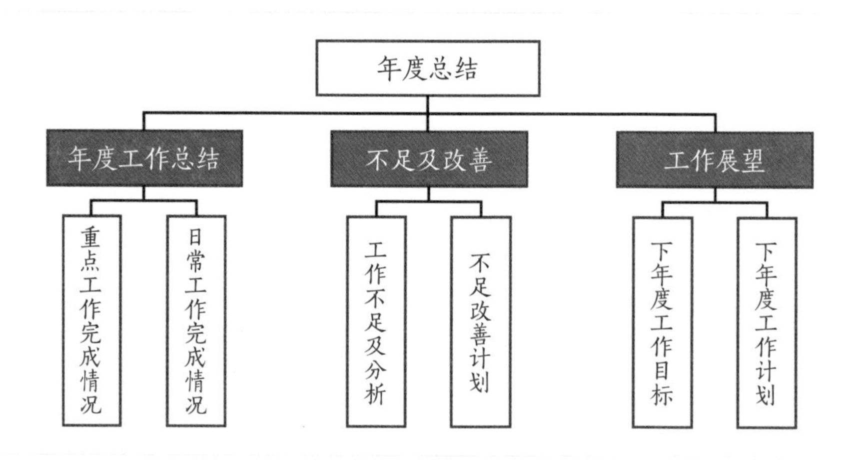

在第 4 章，我们将深入讲解如何打造逻辑感强的 PPT。

大纲设计完成后，基本可以将大纲的各个要点对应到 PPT 的框架中：

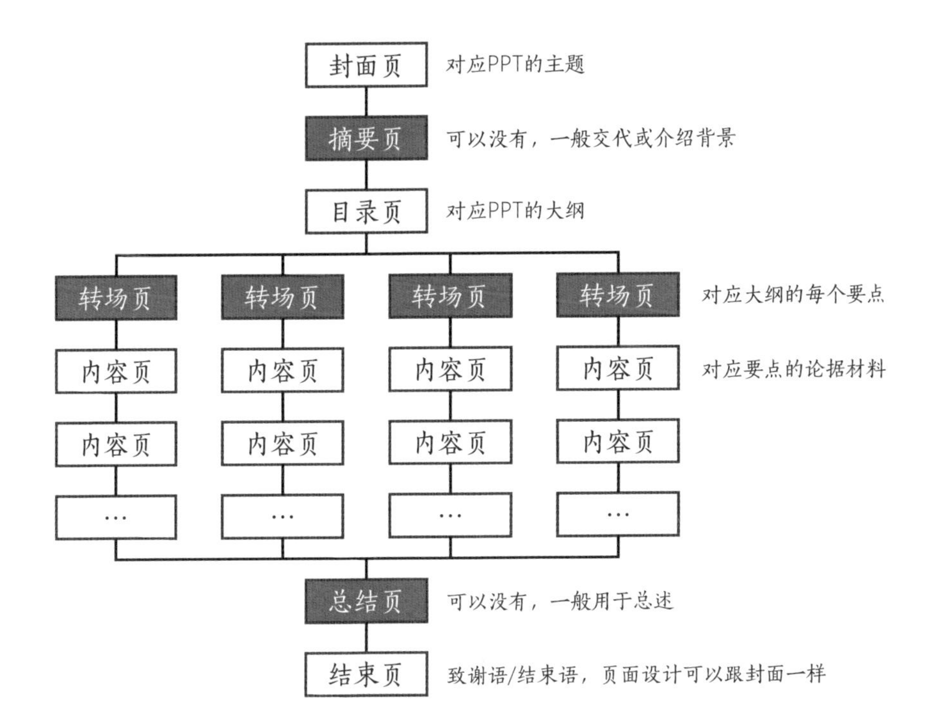

值得一提的是 PPT 的目录体现了 PPT 的大纲。

工作中时常可以看到 PPT 缺失目录页，这样看起会显得吃力，这是因为 PPT 没有目录，意味着你的逻辑被“隐藏”起来了。反过来，我们可以通过审视 PPT 的目录页来判断其逻辑是否严谨。

如原先提及的“年度总结”构建的大纲，制作成目录页：

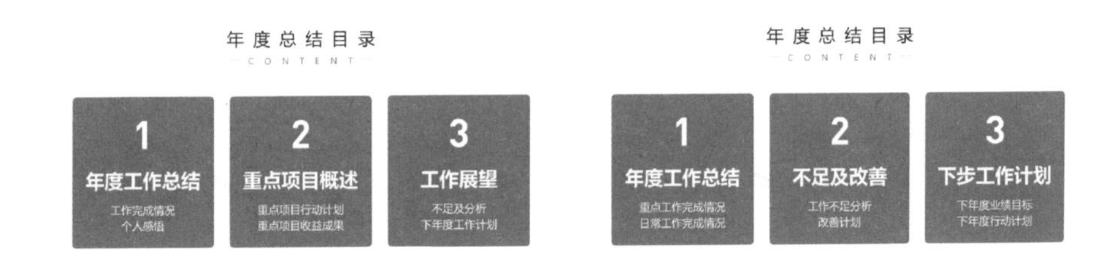

修改前VS修改后的年度总结目录页

PPT 的设计逻辑

做到内容逻辑严谨还不够，PPT 作为视觉传达的沟通工具，还要考虑如何做得美观、如何让你的逻辑和重点合理地展示出来，这即是设计的逻辑。

好看抓人眼球，不代表能让观众聚焦关键信息。

好不好看不重要，传递重点信息才是最重要的！想办法突出重点才是 PPT 设计的第一步，而视觉美化是第二步。

不妨看几个案例：

你的PPT设计重点突出了吗？

索尼Project Morpheus：一切都为了游戏

2015年3月5号在旧金山举行的游戏开发者大会（Game Developers Conference）中，索尼对外展示了最新研发的PS4虚拟现实头戴设备Project Morpheus。索尼同时宣布，该公司将于2016年上半年发布这款外设。新版本的Project Morpheus采用了5.7英寸OLED显示屏，画面更加清晰。Project Morpheus能够以每秒120帧的频率处理视频。

图片喧宾夺主

修改前：配图就是图文并茂？你能看到表述的重点吗？

索尼Project Morpheus
一切都为了游戏

5.7in OLED显示屏
120fps 高频视频处理

2015年3月5号在旧金山举行的游戏开发者大会（Game Developers Conference）中，索尼对外展示了最新研发的PS4虚拟现实头戴设备Project Morpheus。索尼同时宣布，该公司将于2016年上半年发布这款外设。

信息重点突出

修改后：找出关键信息，用排版突出重点信息，图片视觉为辅。

你的表达形式直观吗？

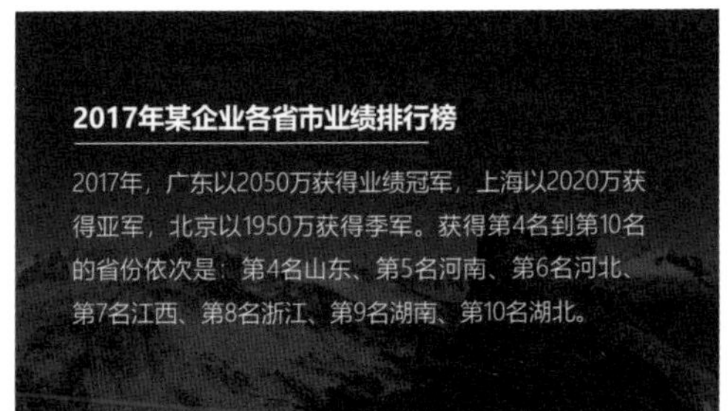

◀

修改前

文字数据堆砌

你能直观地看到各省业绩的排序和差距吗？

2017年某企业各省市业绩排行榜

冠军 亚军 季军

广东	上海	北京	山东	河南	河北	江西	浙江	湖南	湖北
2050	2020	1950	1700	1543	1432	1100	1021	987	674

◀

修改后

图表呈现直观

换成数据图表的直方图来呈现数据的差异。

修改前

项目要点罗列

两种模式特点对比，你看得到实际表达的内容逻辑吗？

1. 数量分散，维护起来不方便
2. 业务连续性要求高，业务不能中断
3. 出现硬盘故障或系统崩溃，恢复时间长
4. 信息安全及非工作行为不可控（U盘、软件安装、游戏等）

1. 总部集中管理，减少桌面支持时间
2. 业务跑在服务器端，前端中断不影响业务
3. 不间断的数据备份，并简化灾难恢复时间
4. 虚拟桌面集中管控，安全可控

▶

修改后

表格要点对比

提炼维度，表格横向对比更加清晰明了。

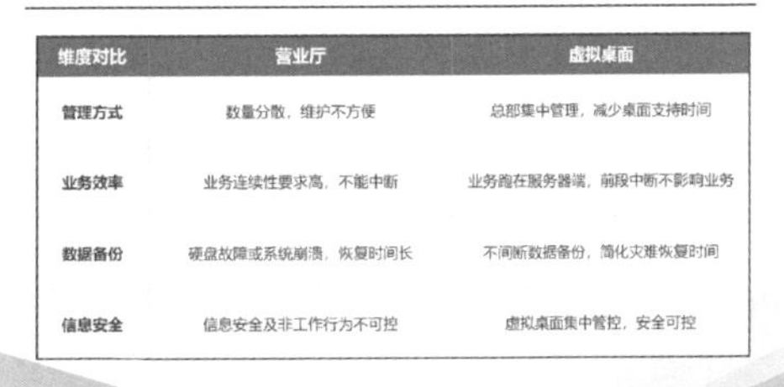

营业厅特点和分析

维度对比	营业厅	虚拟桌面
管理方式	数量分散，维护不方便	总部集中管理，减少桌面支持时间
业务效率	业务连续性要求高，不能中断	业务跑在服务器端，前段中断不影响业务
数据备份	硬盘故障或系统崩溃，恢复时间长	不间断数据备份，简化灾难恢复时间
信息安全	信息安全及非工作行为不可控	虚拟桌面集中管控，安全可控

原则上，我们并不提倡读者过度依赖模板，因为大多数人会因为过度关注模板的美观，而忽略内容表达形式是否合理。

PPT 设计要遵从两大原则：高信噪比原则和排版四大原则

高信噪比原则
SIGNAL-NOISE RATIO
信息传递有效化
让你的主要内容大于次要内容

信息传递 MAX = 想传递的意图 / 无效元素信息

提高信噪比，让你的信息传递足够有效。

信噪比（*SNR*）是通信行业中用于评估信号传递效果的一个专业指标，通信设备在信号传递过程中，难免会产生噪声（噪声一般是设备产生的固定值），通过调整信噪比（信号 / 噪声），可以提升信号传递的质量。

PPT 也一样，在设计过程中，往往会因为设计不当而产生分散观众注意的“噪点”，高信噪比原则是站在信息传递的角度上来考虑的。

四大排版原则
TYPESETTING PRINCIPLE
排版布局规范化
让你的页面美观，重点突出

对比 C　重复 R
对齐 A　亲密 P

用好四大排版原则（CRAP 原则），让你的页面整洁美观、重点突出。

来源于世界级设计师 *Robin Williams* 的著作《写给大家看的设计书》，将复杂的设计原理凝练为亲密、对齐、重复和对比四大基础排版原则。

四大排版原则用于页面内容的合理编排，四者并非相互独立，实际上它们是相互关联的，只应用一种排版原则的情况非常少见。

这两大原则贯穿了 PPT 的整个设计过程，建议在构建内容逻辑的基础上，优先掌握两大原则，再去考虑如何制作精美的 PPT。

PPT 设计逻辑：哪些错误设计可能制造“信息噪点”？

布满页面的大块信息

微软Office是全球普及的办公软件

Microsoft Office PowerPoint，是微软公司的演示文稿软件。用户可以在投影仪进行演示，也可以将演示文稿打印，以便应用到更广泛的领域中。如在互联网上召开面对面会议、远程会议或在网上给观众展示演示文稿。Microsoft Office Word，是微软公司的一个文字处理器应用程序。Word给用户提供了用于创建专业而优雅的文档工具，帮助用户节省时间，并得到优雅美观的结果。一直以来，Word都是最流行的文字处理程序之一。Microsoft Office Excel，是微软公司的办公软件Office的组件之一。Excel是微软办公套装软件的一个重要的组成部分，它可以进行各种数据的处理、统计分析和辅助决策操作，广泛地应用于管理、财经、金融等众多领域。

微软Office是全球普及的办公软件

PPT是应用广泛的演示工具

Microsoft Office PowerPoint，是微软公司的演示文稿软件。用户可以在投影仪或者计算机上进行演示，也可以将演示文稿打印出来，以便应用到更广泛的领域。如在互联网上召开面对面会议、远程会议或在网上给观众展示演示文稿。

Word是职场日常办公常用的工具

Microsoft Office Word，是微软公司的一个文字处理器应用程序。Word给用户提供了用于创建专业而优雅的文档工具，帮助用户节省时间，并得到优雅美观的结果。一直以来，Word都是最流行的文字处理程序之一。

Excel是数据处理、财务统计常用的工具

Microsoft Office Excel，是微软公司的办公软件Office的组件之一。Excel是微软办公套装软件的一个重要的组成部分，它可以进行各种数据的处理、统计分析和辅助决策操作，广泛地应用于管理、统计财经、金融等众多领域。

99%以上的人认为左边的PPT信息量很大，是失败的PPT。

右边的PPT尽管看起来文字很多，但看起来并不会觉得信息量大。

你提供的页面信息量越大，观众记住的信息量就越少。

大块信息会给观众造成“看”的信息负担，反而影响“听”的效率。因此，合理地将内容分段，提炼文字是最基本的要求。

五颜六色的搭配

大多数人认为左边看得懂结构，但颜色太多影响了阅读理解。

颜色是附带信息量的，原则上同一层级内容应统一配色。

杂乱的页面排版

4.3 应用文献

黄桐城，王金桃.运筹学基础理论（第二版）[S].上海：人民出版社，1，15.

胡知能，徐玖平.运筹学（线性系统优化）[S].北京：科学出版社，39-42.

孟丽莎，丁四波，李凤廷.管理运筹学[S].北京：清华大学出版社，130-138.

薛瑞鑫.线性规划在经济管理中的应用综述[J].广西大学.2006(S2)

管梅谷，郑汉鼎.线性规划[S].山东：科学技术出版社，98-110.

卢开澄，卢华明.线性规划[S].清华大学出版社，82-91，121-125.

胡清淮，魏一鸣.线性规划及其应用[S].科学出版社，45-56.

高卫红.实用线性规划工具[S].科学出版社，55-67.

李林曙.线性代数与线性规划[S].中国人民大学出版社，78-90,95-100.

论文背景 | 理论框架 | 研究过程 | 论文结论

4.3 应用文献

I. 黄桐城，王金桃.运筹学基础理论（第二版）[S].上海：人民出版社，1，15.
II. 胡知能，徐玖平.运筹学（线性系统优化）[S].北京：科学出版社，39-42.
III. 孟丽莎，丁四波，李凤廷.管理运筹学[S].北京：清华大学出版社，130-138.
IV. 薛瑞鑫.线性规划在经济管理中的应用综述[J].广西大学.2006(S2)
V. 管梅谷，郑汉鼎.线性规划[S].山东：科学技术出版社，98-110.
VI. 卢开澄，卢华明.线性规划[S].清华大学出版社，82-91，121-125.
VII. 胡清淮，魏一鸣.线性规划及其应用[S].科学出版社，45-56.
VIII. 高卫红.实用线性规划工具[S].科学出版社，55-67.
IX. 李林曙.线性代数与线性规划[S].中国人民大学出版社，78-90,95-100.

论文背景 | 理论框架 | 研究过程 | 论文结论

大多数人觉得左边不仅信息量大，阅读起来还找不到规律。

右边尽管内容比较多，但大多数人表示阅读是有序的。

很多PPT并非内容本身不好，而是制作者人为地把页面做得复杂，视觉上破坏了内容的结构关系。

无效的素材元素

大多数人觉得看起来挺好，但没有感觉到打动人。

内容与素材契合，能感觉到素材配合内容带来的表现力。

你是不是这样做PPT的：为了设计好看的页面，特意地加入很多视觉素材？这是新手常犯的滥用素材错误。

比起美观的页面，想办法表达你的重点信息才是最重要的！

错误的关系表达形式

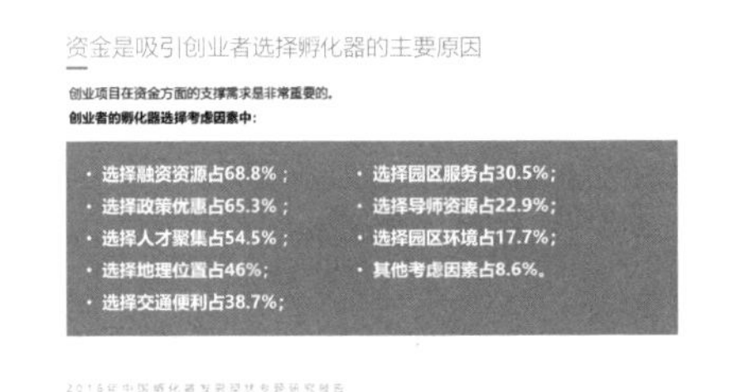

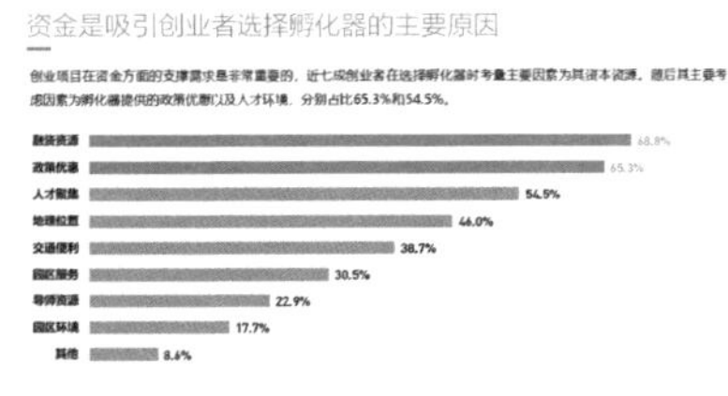
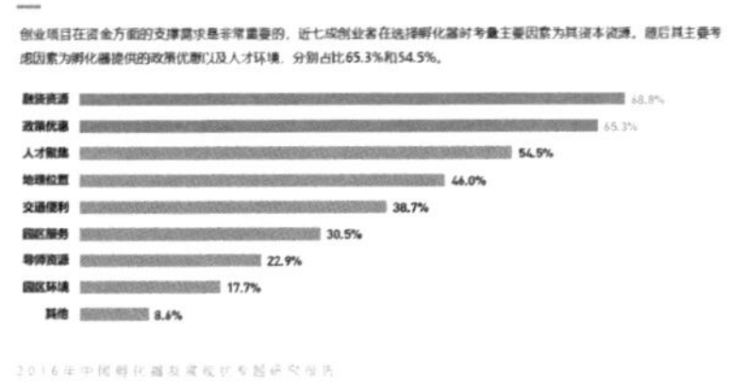

解决方案设计方法　　CHINA TOWER 中国铁塔

1. **空旷型**：如展厅、赛场、候车/机室、地下停车场等；空旷、遮挡少，电磁传播特性好。
2. **独栋高层**：如写字楼、高级公寓等；外部电磁环境随楼层增加而复杂、内部电磁传播环境因隔断较多而较差。
3. **电梯**：分观光电梯和常规电梯，除观光电梯外，其余电梯均较为封闭，电磁传播特性差。
4. **内部隔断较多型**：如写字间、客房、宿舍、住宅等，内部隔断较多，电磁传播特性差。
5. **建筑群**：如多层住宅小区、商业街及聚类市场，内部电磁环境因建筑遮挡而较差。
6. **建筑的特殊区域**：如建筑的窗边、人员/车辆出入口等，电磁环境明显区别于其它区域。

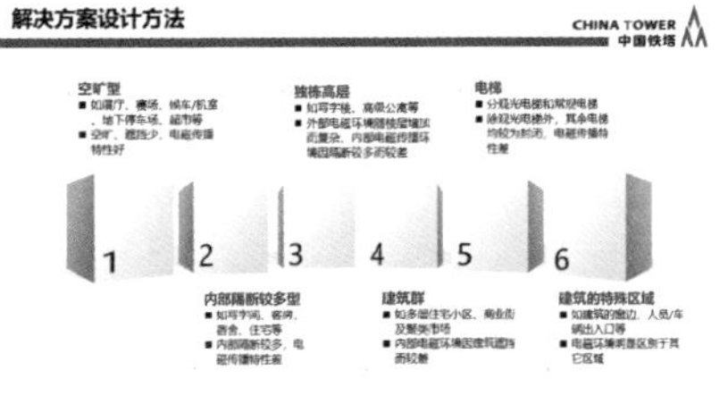

列表式罗列看不到材料关系　　　　用关系图表或数据图表表达

尽管内容经过提炼，但罗列式的要点太多，会显得信息量大，看了摸不着头脑。因此，要学会用图表结构化表达，串联要点的逻辑。

提高信息传递的有效性，你需要注意：

1．你提供的页面信息量越大，观众记住的信息量就越少；

2．你提供的页面信息过度复杂，观众理解困难，会容易失去继续浏览的兴趣，也容易将观众推向你的对立面。

因此你需要做到：

1．不要老想着你要说什么，要想观众希望看到什么；

2．别让 PPT 成为你的提词器，多下点功夫熟悉素材；

3．大脑偏爱整洁，大块的信息、错落的排版、复杂的页面都是在挑战观众的耐心，多下功夫理解和整合内容，通过整合分类将复杂的内容小块化，这在解决复杂问题上也适用。

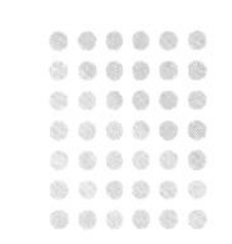

PPT 设计逻辑：用排版四大原则整理你的页面内容

排版四大原则提倡的是：页面上的所有的元素都应遵循一定的规律摆放，才能构成整洁美观、阅读有序的页面。

对齐原则（Alignment）

任何东西都不能在页面上随意安放。每个元素都应当与页面上的另一个元素有某种视觉联系。这样能建立一种清晰、精巧而且清爽的外观。

PPT大白话：请避免随心所欲地排版，只有让材料、元素存在视觉对齐，才能让你的页面整洁美观。

没对齐的页面杂乱无序

对齐的页面整洁美观

对齐是PPT页面设计最基本的原则，尤其在信息量大的情况下，更应该让材料素材对齐。

一齐遮百丑，新手常犯的错误中，错误的对齐是首要原因。

一起来看下新手常犯的对齐错误，你是不是也这样？

1．随意摆放素材，哪里有空间放哪里。

2．只会左对齐，千篇一律，不懂用其他对齐方式来变化设计。

3．不懂得使用对齐工具，排版的时候用鼠标和方向键挪位置，排版耗时耗力。

1）对齐技巧一：考虑信息可读性，信息越多，越应对齐。

典型的套用模板，不考虑可读性的案例。信息量大加上字小，阅读起来极为困难。

信息量大，对齐的排版让页面更为整洁，阅读舒服有序。这里还用了亲密原则。

信息量大的时候，如果你的页面排版没有使用对齐，PPT的可读性对观众是个非常大的挑战。

2）对齐技巧二：信息量小的页面，用多种对齐方式打破审美疲劳。

对于封面、目录、转场页、封底和信息量小的观点页等，可以多使用不同的对齐方式（如左对齐、右对齐、居中对齐）。

3）对齐技巧三：倾斜的对齐，打造动感的页面。

可以让文本或素材倾斜排版，变成倾斜式的对齐。尽管这种排版形式不多见，但这样可以让页面更有动感，加强视觉冲击力。

4）对齐技巧四：使用对齐工具，提升制作效率。

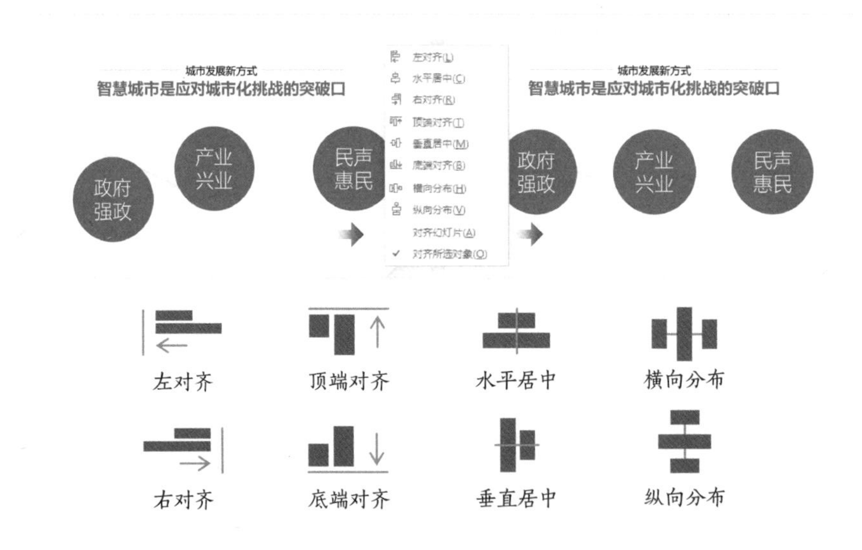

操作：选择两个及以上元素-「格式」-「对齐工具」-选择对齐方式

时常见到强迫症的人，用鼠标推动素材的位置可以拖曳半天，这显得很没效率，这也是加班的原因吧！

使用「对齐工具」可以快速地让多个元素快速对齐，是提升PPT制作效率必须掌握的排版神器。

对比原则（Contrast）

要避免页面上的元素太过相似。如果元素（字体、颜色、大小、线宽、形状、空间等）不相同，那干脆让它们截然不同。要让页面引人注目，对比通常是最重要的一个因素，这样能让观众首先看这个页面。

PPT大白话：如果页面没有差异的地方，就意味着PPT全是重点，也就没有重点。因此，需要通过对比来突出重点信息。

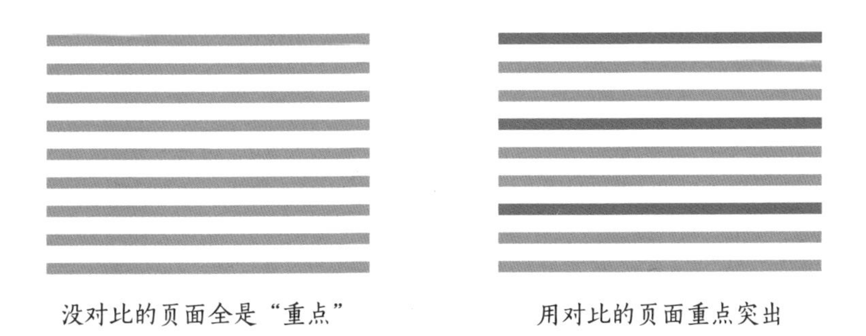

没对比的页面全是“重点”　　用对比的页面重点突出

对比是PPT页面设计最常用的原则，几乎无处不在，无对比无重点。

重点突出，必用对比。新手常犯的错误中，错误对比是主要原因之一。

一起来看下新手常犯的对比错误，你是不是也这样？

1．使用对比过度，比没有对比更加糟糕。

2．没有对比，整个页面平淡无奇，没有重点，显得信息量大。

3．没有全面认识对比方法，只会简单地改变字体的字号、粗细和颜色。

1）对比技巧一：对比的前提是不制造噪点。

What's New In 2017

Lonasen Is Expected To Be Approved In January 2017
洛珊将于2017年1月获批

Realignment Of Dsm Territory
地区经理负责领域重组

All Dsms Are Going To Be Responsible For All Promotion Products
所有地区经理将负责推广全产品

Compliance Continues To Be Top Priority (Super C)
合规依然是最优先任务（超级c）

What's New In 2017

Lonasen Is Expected To Be Approved In January 2017
洛珊将于2017年1月获批

Realignment Of Dsm Territory
地区经理负责领域重组

All Dsms Are Going To Be Responsible For All Promotion Products
所有地区经理将负责推广全产品

Compliance Continues To Be Top Priority (Super C)
合规依然是最优先任务（超级c）

过度对比会让你的页面更加复杂，这比没有对比更加糟糕

同层次内容要保持相同的对比，这也是重复原则的要求

PPT的任何排版形式都应以不制造多余的“噪点”为前提，因为这会失去信息传递的意义。

2）对比技巧二：使用不同的颜色进行对比。

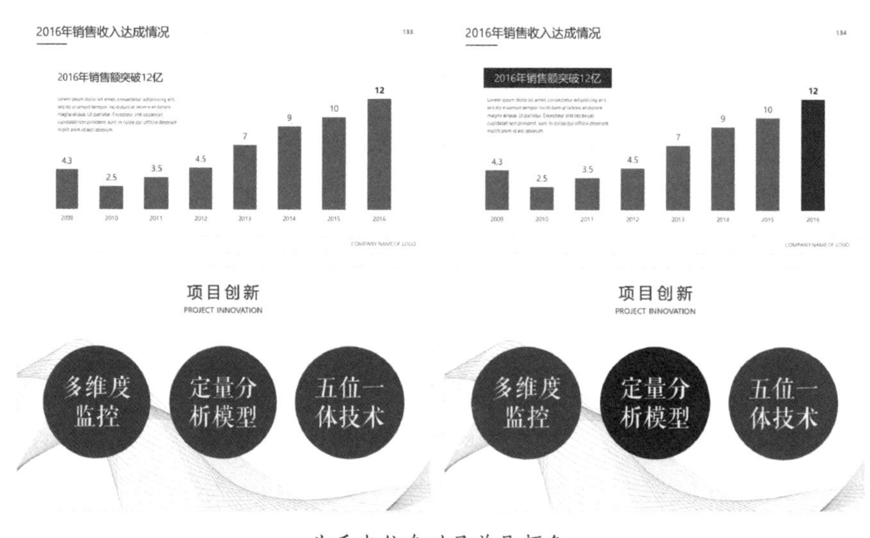

为重点信息赋予差异颜色

颜色是观众能第一个感受到差异的元素，可以通过改变字体、色块等元素的颜色或添加颜色的色块，来突出重点信息。

3）对比技巧三：使用不同的字体进行对比。

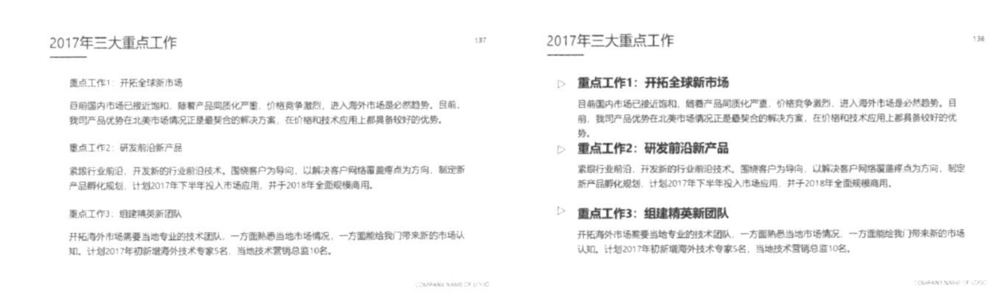

字体加粗、加大字号是最常用的字体对比方式

使用有张力的字体让页面更具冲击力

使用差异化的字体对比，在PPT中非常常见，最粗暴的方法是加粗标红字体，我们也可以通过改变字体来实现对比。

4）对比技巧四：利用线条加强对比。

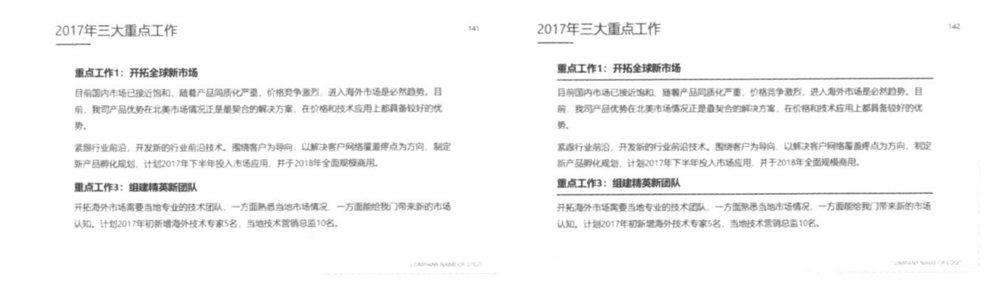

用线条来加强对比感

有时信息多会压缩页面排版，在对比不明显的情况下，可以在重点信息处添加线条来增强对比感。

亲密原则（Proximity）

彼此相关的项应当靠近，归组在一起。如果多个项相互之间存在很近的亲密性，它们就会成为一个视觉单元，而不是多个孤立的元素。这有助于组织信息，减少混乱，提供清晰的结构。

PPT大白话：整合归类你的PPT材料，让它们看起来分类有序，把大块的信息小块化，而不是一股脑地把未处理的材料元素放到PPT上。

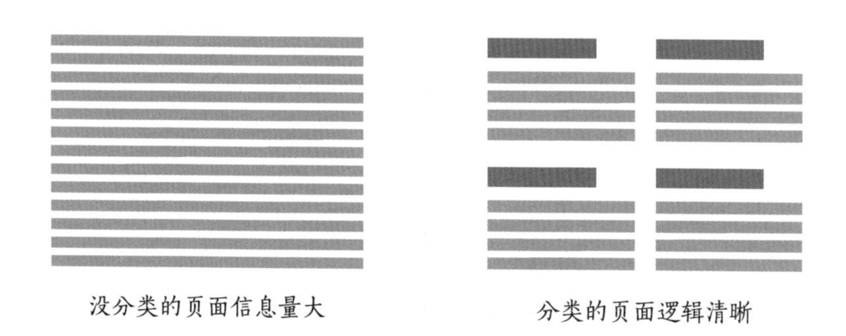

没分类的页面信息量大　　分类的页面逻辑清晰

亲密是内容处理最关键的原则，也是让信息结构化表达的关键。

制造大量噪点和大块信息的原因之一，即是没有使用亲密原则。

亲密原则有两大好处：

1．大块的信息小块化，因为你经过了分类整理。

2．杂乱的信息有序化，假如使用亲密原则分类后，你还用了对比、对齐原则。

1）亲密技巧一：分段分层是最基本的内容分类方法。

城市发展新方式：智慧城市是应对城市化挑战的突破口

智慧城市实现模式转变：面对诸多挑战，智慧城市成为一种城市发展新方式，借助物联网、云计算、移动互联网等信息化技术，实现政府管理、经济发展、民众生活模式的转变。
智慧城市建设逐渐从宏观规划向微观应用落地发展：2012年，北京、上海、广州、深圳、南京、天津、大连、合肥等城市都把建设"智慧城市"提上政府工作日程，做为城市发展的重要任务。

城市发展新方式：智慧城市是应对城市化挑战的突破口

智慧城市实现模式转变

面对诸多挑战，智慧城市成为一种城市发展新方式，借助物联网、云计算、移动互联网等信息化技术，实现政府管理、经济发展、民众生活模式的转变。

智慧城市建设逐渐从宏观规划向微观应用落地发展

2012年，北京、上海、广州、深圳、南京、天津、大连、合肥等城市都把建设"智慧城市"提上政府工作日程，做为城市发展的重要任务。

可怕的文字堆砌，不想看

加大段落间距，增加呼吸感

除了页面要留白，也要让你的段落有间距（段距），这样可以让你的段落有所区分，也是让大块信息小块化最简单的办法。

2）亲密技巧二：归类整合你的材料，让它看起来"不显多"。

新三板创新层挂牌企业，持续三年中国IT十大卓越分销商

- 集团创立于2005年
- 注册资金7350万元
- 隶属集团有限公司，是集团进出口公司的控股子公司
- 公司为混合经济体制企业。2015年实现销售收入超62亿元人民币，客户涉及政府、金融、互联网、教育、制造、能源、交通等多个领域
- 员工人数超过500人，总部位于北京，在广州、上海、成都、沈阳、西安、武汉、南京等城市和埃塞俄比亚设立了33个分公司和办事处，拥有遍布全国的渠道增值服务网络。

新三板创新层挂牌企业，持续三年中国IT十大卓越分销商

公司成立

- 创立于2005年
- 注册资金7350万元

资质实力

- 集团的控股子公司
- 混合经济体制企业
- 2015年销售收入超62亿元
- 客户涉及政府、金融、互联网、教育、制造、能源、交通等多个领域

公司规模

- 员工人数超过500人
- 总部位于北京，在广州、上海、成都、沈阳、西安、武汉、南京等城市和埃塞俄比亚设立33个分公司和办事处
- 拥有遍布全国的渠道增值服务网络

白领的收听习惯

- 听音乐，娱乐记忆获取新闻信息。
- 80%以上白领听众在家里收听电台，还有近20%白领会在单位收听。
- 音乐类节目和新闻类节目是白领听众收听最多的诚勉类型，其中又以流行音乐类诚勉最受白领听众喜爱。
- 重度听众和中度听众居多。
- 白领听众平均每天收听电台的时间长度大约为72分钟。
- 以早上上班之前（7:00-8:59）收听的白领最多，其次是以晚上下班之后为主（21:00-21:59）。

白领的收听习惯

收听目的
听音乐，娱乐记忆获取新闻信息。

收听频率
重度听众和中度听众居多。

收听地点
80%以上白领听众在家里收听电台，还有近20%白领会在单位收听。

收听时长
白领听众平均每天收听电台的时间长度大约为72分钟。

节目类型
音乐类和新闻类节目是白领听众收听最多的诚勉类型，其中又以流行音乐类诚勉最受白领听众喜爱。

收听时间
以早上上班之前（7:00-8:59）收听的白领最多，其次是以晚上下班之后为主（21:00-21:59）。

列表式的内容实在太可怕了，
大量的信息重点，找不到逻辑

整理归类你的内容，让观众找
到理解的逻辑点

分段还不够，页面表达的信息点超过7个时，观众容易出现记忆困难。因此最好归类整理成不超过3个点，这样有助于观众更好地理解。

重复原则（Repetition）

让设计中的视觉要素在整个作品中重复出现。可以重复颜色、形状、材质、空间关系、线宽、字体、大小和图片等。这样一来，既能增加条理性，又能加强统一性。

PPT大白话：如果不懂得设计，最简单的重复也能形成风格。对整份PPT，固定使用你的字体、颜色、形状和图片风格等。

看起来支离破碎的PPT　　看起来专业规范的PPT

重复是最容易被忽略的原则，无重复，不规范，没风格。

让你的 PPT 显得不专业的主要原因之一，是因为没用好重复。

比如看到下面这份 PPT，打心底你会怀疑 PPT 的专业度，还可能会问真的是同一个人做的吗？

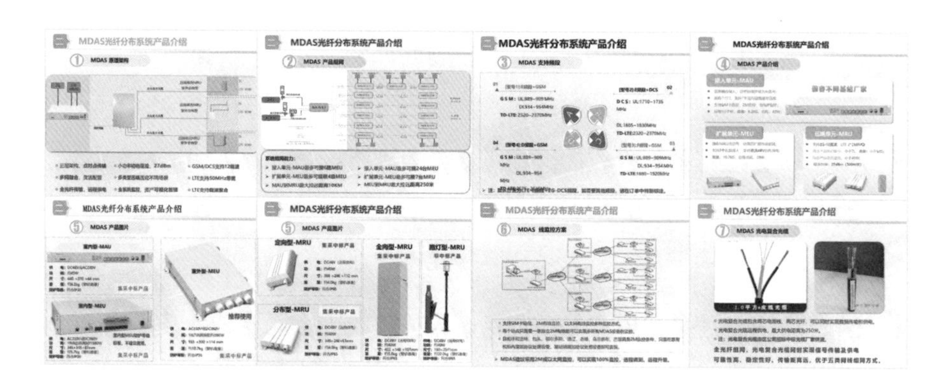

1）重复技巧一：保持页面内元素的重复，让你的页面有条理。

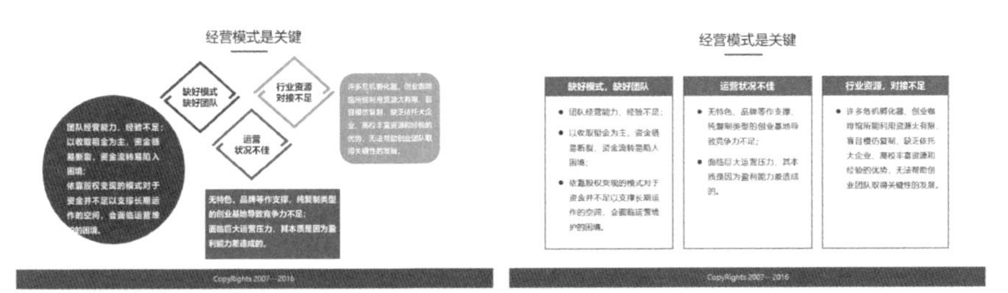

尽管用了亲密原则做了分类，
但不规则排版显得页面很业余

用重复的排版展示同类的内容，
这样显得更有条理性

造成页面复杂的往往不是内容本身，而是添加了太多的效果，让各个内容显得特立独行，没有条理性。最好的办法是，减少你的各种特效，采用简单的重复排版、颜色和字体等，还可以提高制作效率。

2）重复技巧二：保持不同页面元素的重复，让你的 PPT 足够专业。

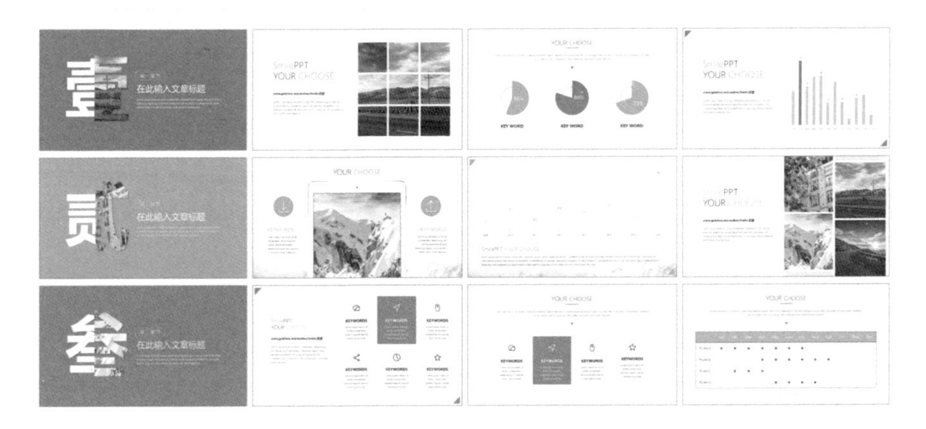

除了单页元素的重复，你还要考虑整份PPT的重复。

比如每页的标题是相同的字体、字号和颜色吗？每页的颜色是否都一致？每页的图片风格是否有相似性？这些容易忽略的细节都决定了PPT在视觉上是不是一个完整的整体。

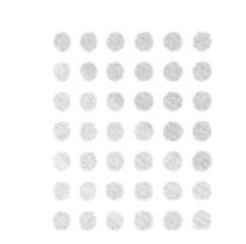

PPT 的演示逻辑

何为好的演示逻辑？即 PPT 设计应配合演讲有序地呈现。

PPT 的内容逻辑和页面设计都应服务于演示，任何有违演示效果的设计都是不可取的。

做好演示的关键在于：站在观众的角度上思考。

信息要足够简单，让观众容易理解。

打造好的演示 PPT，需要遵守 KISS 原则。

KISS原则是用户体验的最高境界。

它概括了两个重要的点：

1）人们通常喜欢简单的、容易学习和使用的事物。

2）对于观众来说，简单可以缩减时间成本，降低沟通成本。尽管这需要演示者花时间将专业的内容转化成简单的内容。

如何让你的 PPT 保持足够简单呢？让我们一起来看看。

举个例子，乔布斯在 iPod 产品发布会的时候，iPod 内置高达 5GB 容量的 1.8 吋硬盘在当时极具产品的竞争力优势。假如只摆放数据，可能是这样的：

对于大多数人来说，对容量的大小并没有直观的认知，这显得太过专业，也不能勾起观众的购买欲。

乔布斯的做法是，将容量换为大众认知的歌曲数量和现实体积，将 KISS 原则应用到极致，堪称演示的经典。

*案例借鉴乔布斯iPod发布会，上方PPT为仿制，非原版

PPT 演示逻辑：用转化法打造 KISS 原则的 PPT

各种专业词汇的讲解对正常观众来说，实在是灾难，对演讲者来说，也很难达到演讲的目的。因此，需要深入研究材料内容，**将专业的词语转化为人们熟悉的应用场景和事物，这样才能真正达到沟通的目的。**

两个使用KISS原则的案例

VOOC闪充技术  充电5分钟通话2小时

OPPO产品发布会：VOOC闪充是OPPO独立自主研发的快速充电技术，将最快充电速度提升了4倍以上。新产品发布会上，OPPO巧妙地应用了KISS原则。

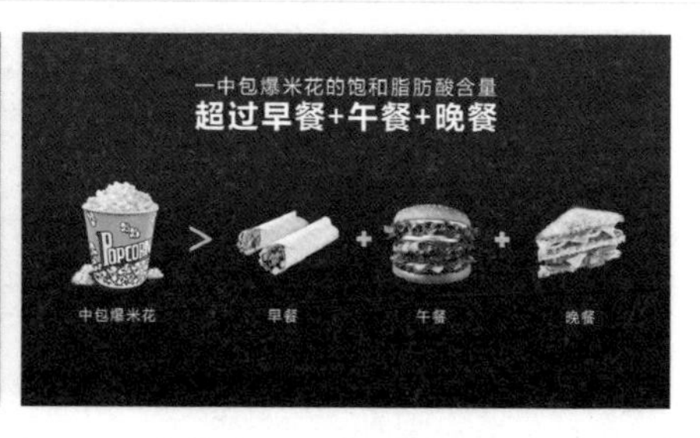

美国农业部的建议
太过理性，没有直观感受
→
阿特·西尔弗曼的想法
感性直观，具有大众感染度

1992年，美国公共利益科学中心专家阿特·西尔弗曼为了让美国人民了解电影院中一份中包爆米花就含有37克饱和脂肪酸，别出心裁地使用了KISS原则。

PPT 演示逻辑：拆分你的大块信息，让信息量足够小

尽管 KISS 原则是不错的建议，但对大多数人来说，这是个非常大的挑战，因为用户思维是一个较大的阻碍。

假如没法做到 KISS 原则，那就尽量做到让演示单次呈现的信息量足够小。

举个例子，下方是一页用于展示过往荣誉奖项的演示 PPT。

荣 誉 奖 项 Awards

- **2012年**
  - 2012年12月，获得 **“中国通信标准化协会行业标准科学技术二等奖”**
  - 2012年10月，荣获广州市2012年度科学技术奖 **“科技进步一等奖”**
  - 2012年，获评南方周末 **“最具科技创新力品牌”**
- **2013年**
  - 2013年7月，荣获“第十四届中国专利优秀奖”
  - 2013年，荣获“2012年度广东省科学技术奖二等奖”
  - 2013年，自主创新再创佳绩，京信通信获评“国家创新型试点企业”
- **2014年**
  - 2014年广东省企业500强、制造业百强企业
  - 2014年10月,荣获第二届“广州市保护知识产权市长奖”
  - 广州市企事业单位知识产权最高水平奖项

评价：从PPT本身来看，按时间进行分类，有利于观众进行区分。但用于演示的话，单次呈现的内容偏多，当演讲者在讲第一部分内容时，其他内容的存在会分散观众的注意力。

那么，从演示的角度出发，应该怎么优化这页 PPT 呢？

这里，需要用到一个小技巧：

INFORMATION DISMANTLING

一般来说，在不删减文字的情况下，我们有两种优化方法来配合演示。

两种配合演示的设计优化

添加出现顺序的动画

配合演讲顺序有序出现

内容拆页，逐页展示

信息量大，拆页让信息小块化

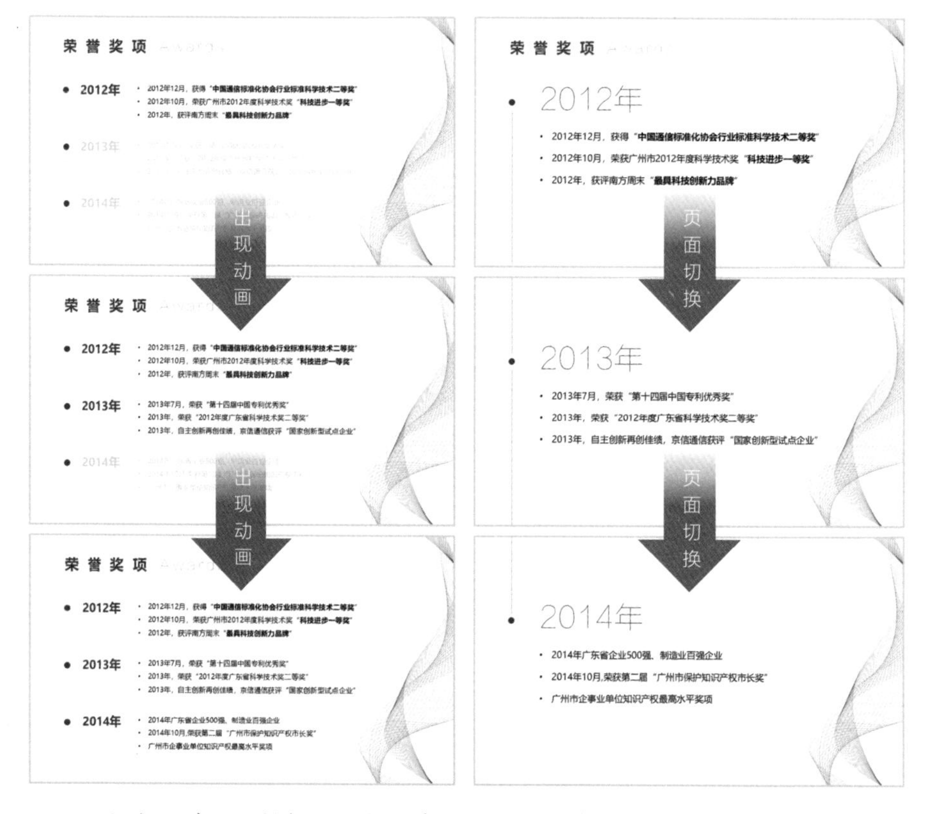

添加出现动画和拆解页面都是常用的大块信息拆解方法，假如你有其他的方法，只要是能让单次呈现的信息容易接受，也是可以的。

PPT的三段式逻辑更加面面俱到，从内容逻辑的结构化、设计逻辑的重点化、演示逻辑的有序化，全局考虑了整个演示过程的需要。

反过来，我们也可以通过逻辑是否严谨、重点是否突出、演讲是否流畅 3 个维度，来判断 PPT 在哪个逻辑上出现了问题。

3 什么是 PPT 里的视觉化

如果说 PPT 的逻辑化是为了高效传递信息，那么 PPT 的视觉化即是在传递信息的基础上吸引观众的眼球。

为什么要可视化

大家都爱看图

研究表明，传输到大脑中的信息有90%都是视觉信息。

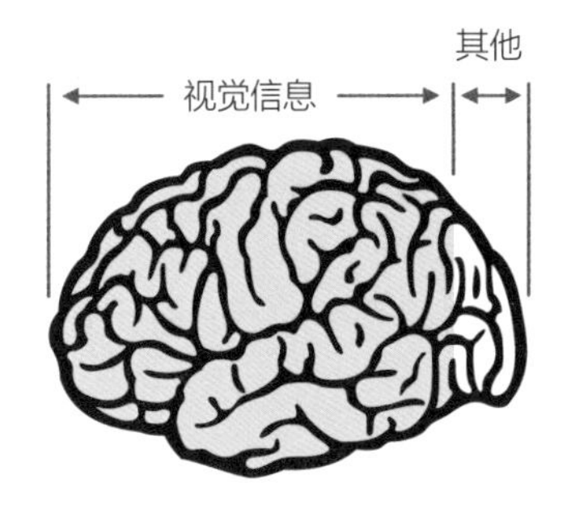

大脑处理视觉信息更快

研究表明，大脑处理视觉信息的速度是文字信息的60000倍。

让我们一起看一下有哪些值得学习的可视化技巧。

可视化技巧一：提炼对比是最简单的可视化

假如你不懂如何可视化，那么最简单的方法就是提炼你的关键内容和数据，用夸张的对比来呈现。

引导学生社团规范发展、鼓励学生成立社团组织

• 加强对学生社团的主要管理职能，支持引导学生社团规范发展，**学生社团数量从2015年的40个稳步增长到目前的86个**，鼓励和扶持理论性社团的成立。

重点文字加粗，但还是字

极致的提炼和对比可视化

可视化技巧二：用图标代替通识关键字

时下热门的品牌宣传给我们带来启发：对于通识化的关键信息，可以使用图标来替换关键词。

比如，手机上的一些图标，你几乎可以不看下方的 App 名称，就可以知道这是个什么样的 App，极大程度上降低了大家的认知成本。

因此，你可以借鉴这种方式，将提炼后的关键词用关联的图标代替，增强页面的视觉化。

图标代替关键词，本质上是把抽象信息具体化。毕竟比起文字，我们对熟悉的视觉元素能做到“秒懂”。

值得注意的是，从一开始 PPT 自带的剪贴画，到后面延伸出很多风格的图标，样式上五花八门，在使用时要注意图标风格的统一性。

可视化技巧三：用契合文案的图片增加冲击力

视觉化不够？图片来凑。图片可以说是最常用的视觉元素，当然需要注意图片与文案的契合度。

《仅有文字排版 简洁单调朴素》	《图文合理搭配 视觉冲击感染》

职场中不能不知的
商务礼仪
Business Etiquette

让普通人获取成功
让平凡人实现非凡
Let The Ordinary People Get The Success
Let The Ordinary Realize The Extraordinary

让普通人获取成功
让平凡人实现非凡
Let The Ordinary People Get The Success
Let The Ordinary Realize The Extraordinary

未来属于我们当中那些
仍然愿意弄脏双手的少数分子。
The Future Belongs To Those Of Us
A Small Number Of Molecules That Are Still Willing To Dirty Their Hands
@罗永浩

攻坚克难 直击目标
To Tackle Tough, Direct Target.

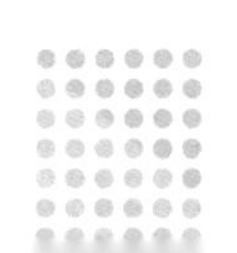

可视化技巧四：材料逻辑的图表化

找出材料之间的关系，然后用图（关系图表、数据图表）表达。

团队体验引导产品设计内容

欣赏式探询

- 发现（Discovery）：确定“过去与现在我们获得成功的要素”。
- 梦想（Dream）：创造一个以结果为导向的“共同愿景图像”。
- 设计（Design）：理清理想中的组织所需具备的各种条件。
- 实现（Destiny）：维持持续进行积极行动和改善绩效的动力。

团队体验引导产品设计内容

欣赏式探询
Affirmative Status

发现 → 梦想 → 设计 → 实现

Discovery
确定“过去与现在我们获得成功的要素”。

Dream
创造一个以结果为导向的“共同愿景图像”。

Design
理清理想中的组织所需具备的各种条件。

Destiny
维持持续进行积极行动和改善绩效的动力。

原稿：尽管列表式分层、分段了，但依然是罗列文字，材料的逻辑关系表达不清晰。

修改：材料关系属于循环递进，因此，用循环的关系图表来表达，逻辑更加清晰、直观。

消费者的困惑

随着生活水平的增长，消费者对产品的关注点开始从价格转向价值，健康开始成为生活的主题。

消费者的困惑

产品关注点

价格 Price → 价值 Value

生活水平

健康将成为
生活新主题

随着生活水平的增长，消费者对产品的关注点开始从价格转向价值。

原稿：图文并茂并不能表达关系，而内容却存在因果关系。

修改：用坐标轴表达因果关系，呈现产品关注的转移影响因素。

近三年市场份额大幅提升

单位：亿元	华东区域	华北区域	华南区域	合计
2015年	12.5	20.4	30	**62.9**
2016年	13.1	34.5	45.2	**92.8**
2017年	15.6	45.4	70.8	**131.8**
合计	**41.2**	**100.3**	**146**	

近三年市场份额大幅提升

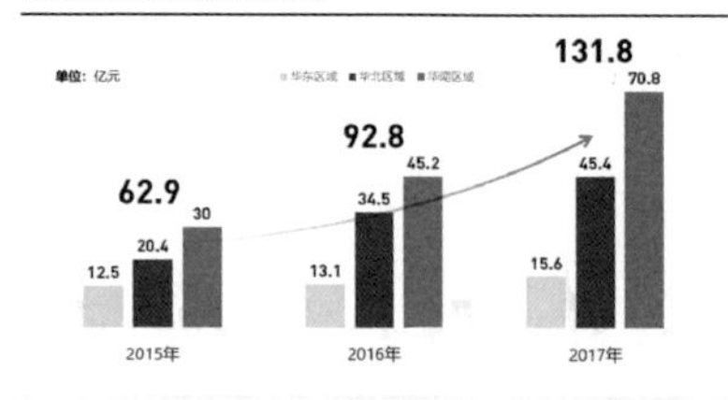

原稿：表格适合进行维度对比和数据定位，并没办法直观地体现演进趋势。

修改：将数据用直方图的形式表达，可以直观地看出近几年的增长趋势。

可视化技巧五：另辟蹊跷，玩转你的字体

文本作为 PPT 中出现频率最多的元素，在没有素材的情况下，推荐几种不错的字体视觉化方法供你借鉴。

1）使用有张力的字体，给人视觉冲击力。

生命不息 折腾不止
愿你走出半生，归来仍是少年
DO SOMETHING INTERESTING

演示之力
Share And Grow, Call Me Smile.

原稿： 微软雅黑*Bold*　　**修改：** 禹卫书法行书简体

尽管是简素的白底，但有张力的字体，会给人强烈的视觉冲击力。

2）拆解文字，给人意犹未尽的感觉。

研究你的文案内容，用合并形状功能（2010版本以上）拆解你的文字。

3）使用文字云打造乱中有序的视觉文字群。

*来源：罗辑思维跨演讲

*来源：《史上最全文字云制作攻略》@Simon阿文

文字云是一种乱中有序的排版方式，通过将大量的关键词排列成一个形状，同时着重突出最为关键的词。这种排版方式解决了单调的关键词堆砌形式，具有很强的视觉冲击力。

文字云是怎么做到的？

不妨百度搜索 Simon 阿文的《史上最全文字云制作攻略》，相信会给你脑洞大开的启发。

4 最佳 PPT 设计流程：先逻辑化后视觉化

PPT 构思必须站在整个演示的角度去规划考虑，才能做出好的设计，如：

1）产品发布会，用卖点包装文案和精美的产品图片调动观众购买欲；

2）趋势研究报告，采用简洁大方的排版设计，以及各种图表说话；

3）会场播放，设计精美的页面、动画、视频、背景音乐和配声来强调。

经过大量实践，我们总结出了一套经验：

PPT设计标准流程

从演讲的角度，构建你的逻辑

从制作的角度，视觉化你的PPT

Step 01
目 标 分 析
- 给谁看？
- 什么场合？
- 达到什么目的？
- ……

Step 02
结 构 设 计
- 观点是什么？
- 用何种逻辑？
- 有说服力吗？
- ……

Step 03
视 觉 呈 现
- 如何提炼内容？
- 如何展现素材？
- 如何视觉化好？
- ……

总的来说，即是：

1. **目标分析：**通过分析观众群体、场景的特点，结合目标希望达成的效果，确定 PPT 的逻辑主线和制作要求；
2. **结构设计：**结构化思考，用成熟的逻辑框架或运用梳理框架的方法，梳理出 PPT 的框架；
3. **视觉呈现：**读懂内容，提炼文档，用视觉化的方式表达你的内容。

接下来，我们逐一对各个步骤做简单的讲解。

第一步：目标分析

很多人往往会跳过这一步，将 PPT 当成需要完成的任务，却没有将 PPT 变成合理有效的手段。这里，需要关注两个关键维度：观众和应用场合。

如何获得观众的认可？

时常在职场会看到这种情况：

帮领导制作 PPT，会按照领导的喜好来制作。比如领导喜欢逐文念稿，把 PPT 当成题词器，下属会做出堆砌文字的 PPT。而唯一衡量好坏的标准却是领导只要满意就好。

这是典型的“满足领导，牺牲观众”，我们称之为“自嗨型”PPT。

很多人会忽略这个事实：演示效果的好坏，很多情况源自于下方观众的评价，而这些观众，有可能是你的领导，也有可能是你的客户。

不了解你的观众，就没法构思逻辑。制作 PPT 前，不妨先了解你的观众。

观众分析表（基础分析）

关注维度	类别
年龄层	□ 老年　□ 中年　□ 青年
年龄层决定，如青年大多适应潮流热点，热点词、有趣的事件可以引入到内内容表达的类型容中，但对于中老年人群，严谨的表达更能获得他们的认可。	
兴趣点	□ 知识　□ 理念　□ 价值　□ 卖点　□ 其他
观众的兴趣点决定你演示内容的侧重点，如关注知识，要有一定的干货体现。	
理解力	□ 偏高　□ 适中　□ 偏低
观众的理解力可从职业层级、学历水平来分析，观众理解力决定内容的专业度和深度，假如观众理解力偏弱，你可能要考虑如何通俗易懂地表达你的观点。	
配合度	□ 期待　□ 一般　□ 反感
假如展示的内容是超前或大众暂未认知的，可能需要准备逐步引导的内容。另外，假如观点是存在争议的，需要先做好应对质疑的准备。	

反过来，脱离应用场合去分析观众做的 PPT，往往“迎合观众，忽略目的”，效果也可能不尽如人意。

因此，我们需要将观众和应用场合放在一起考虑，才能构思出正确的逻辑主线，制作出两全其美的 PPT。

不妨看下常见的场合有哪些。

常见的PPT使用场合分析

场景	演讲者	观众	PPT制作要求
下级向上级汇报工作	下级 汇报成果，获得认可和支持	上级 倾听结果，改善业绩	突出数据结果和关键事件，用图表表达更为高效、有说服力
上级对下级宣讲政策	上级 政策调整，适应策略	下级 对自己的影响，怎么办	形象直观，清晰易懂，最好能举实例
顾问对客户咨询交流	顾问 定制化解决方案，获得客户认可	客户 痛点解决方案	多用类似的成功案例，多用专业的分析模板和流程图呈现方案
销售对客户推介产品	销售 推广产品，获得业绩	客户 产品价值和特性	产品、卖点包装，多用高清诱人的产品图片
专家对用户讲解技术	专家 传递技术知识	用户 了解具体使用	结合业务，提供具体操作细节
讲师对成人传播理念	讲师 传递成熟理念	成人 实际的案例	多讲故事，页面一目了然，字少精练
老师对学生传授知识	老师 传授知识	学生 深入浅出地讲解	注意知识从基础到深入，循循渐进 多利用多媒体课件进行互动

应该制作什么风格的 PPT？

观众和应用场合决定逻辑主线，实际使用场合决定 PPT 的视觉风格。

PPT 的视觉风格主要依据两点而定——行业场合和主题场合。

根据行业场合定风格，比如：

1 通常的工作场合，用公司模板或VI色制作出简洁大方的风格准没错。

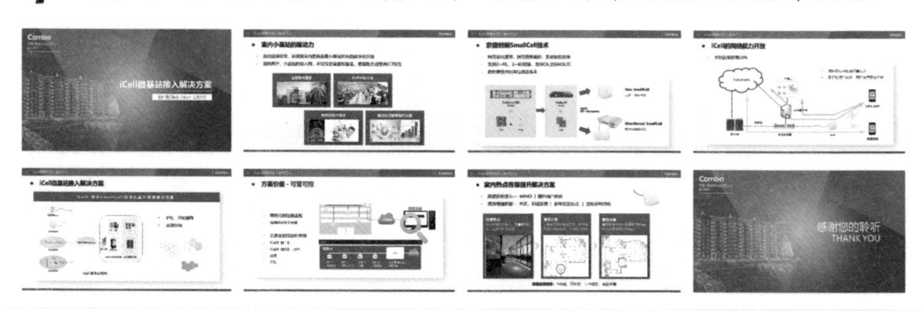

2 政府事业单位相关汇报的场合，往往可以使用一些党政的模板。

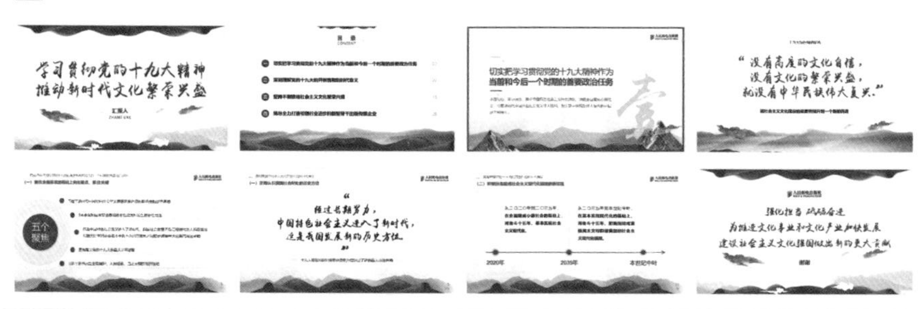

3 学校演讲的场合，清新简洁的学术风格比较合适。

根据主题场合定风格，比如：

1 科技主题的产品发布会，精美震撼的科技风格。

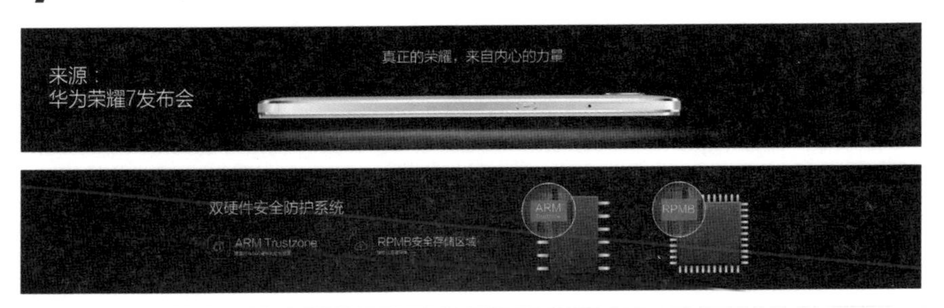

2 重大活动、周年庆之类的主题，庄重大气的风格。

我们可以用拆解的思维来看PPT视觉风格是怎么实现的：

风 格 是 如 何 打 造 的

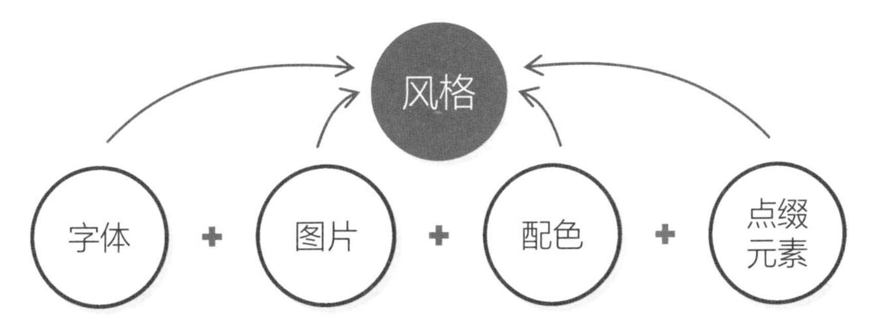

可以这样理解：把带有共同特点的素材放在一起，通过合理的排版，就可以得出一份风格鲜明的PPT。

常见的PPT风格要点

风格	字体	图片	配色	点缀元素
商务	方正类字体 如百搭字体微软雅黑	大气类图片 如城市建筑、山川河海	企业VI色	简单的线条
党政	公文类文字 如华文中宋	标志类图片 如华表、长城、天安门	红黄配	党徽、彩带等
科技	纤细类字体 如微软雅黑Light	科幻类图片 如星空、宇宙、电子等	科技蓝 黑金配	科技线条、光效等
咨询	方正类字体 如微软雅黑	一般不用 图表为主	企业VI色	简单的线条
中国风	历史感的字体 如楷体、毛笔字	山水画等艺术类	黑白搭	水墨、墨迹
学术风	方正公文类字体 如华文中宋、微软雅黑	学校标志类图片 如校门、图书馆等	LOGO色	符合主题的配图
周年庆	大气类字体 如禹卫书法行书	大气类图片 如城市建筑、山川河海、星空	高贵配色 如金黑、红黑等	动感线条、光效等
扁平化	方正纤细类字体	扁平化图片	清新配色	简单的线条

元素的搭配做法很多，以上仅供参考。

假如你对 PPT 的视觉风格没有大概的认知，不妨登录模板网站（第 2 章提过），如 OfficePLUS、PPTStore 或演界网，看一下 PPT 模板各分类下的作品，看完你对不同风格的 PPT 会有所认识。

把演示作为整体来考虑，读者还需要关注若干细节，比如屏幕（投影是否清晰）、时间（决定 PPT 篇幅）、音响设备（是否有噪音）等。

第二步：结构设计

一切形式皆为演示目标服务

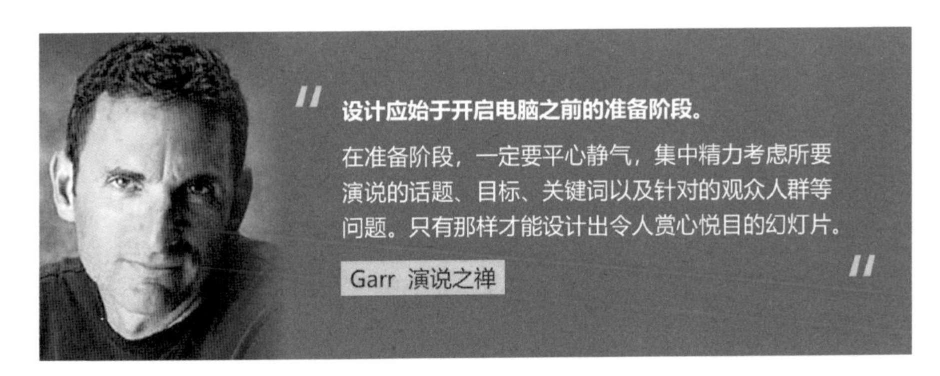

Garr 说：“PPT 设计应该从内容准备阶段算起。”

完美演示是一个系统工程，幻灯片设计不过是其中一个环节而已。然而对我们的日常工作而言，解决好的形式显然比准备好的内容要容易些。

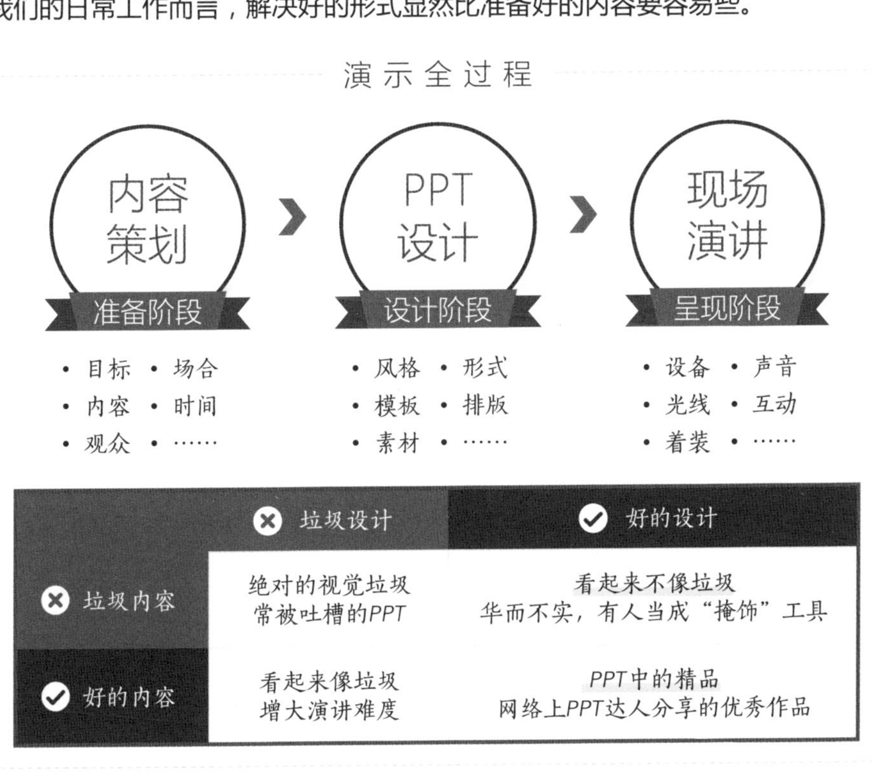

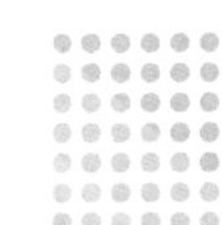

用白纸“写”好你的 PPT

很多场合你并没有现成可用的大纲，或者只能从一个粗糙的大纲开始，每个章节的细节还需要进行构思。

那么建议你这个时候不要直接制作 PPT，先在一张白纸上逐步完成你的大纲，把你的思路先完整地写出框架，再开始制作 PPT。

构建大纲步骤（草稿法）

目标分析	写下你的演示或汇报目标
分析观众	找到观众感兴趣的叙述结构
构建大纲	写出支撑演示目标的核心要点，展开思维导图
补充论据	为每个核心要点寻找有说服力的子要点和论据材料
思考表达	若想到每个要点好的表达形式，把灵感写在要点边上
制作PPT	将写好的草稿在PPT上进行制作呈现

来源：Garr 《演说之禅》

如何将草稿转化为PPT？

1. 把大纲转化为PPT的目录页
2. 为每一个章节点创建一个PPT转场页
3. 把现成素材对应到页面上
4. 构思合适的形式去表达页面主题
5. 结合素材和构思设计页面
6. 美化你的页面直到满意

用完整的 PPT 框架来呈现内容逻辑

工作中时常可以看到存在缺失目录和转场页的 PPT，阅读起来显得吃力，这是因为 PPT 没有目录、转场页，会失去“导航” ，阅读很难承上启下。

不妨看一个完整的 PPT 文件包含哪些页面：

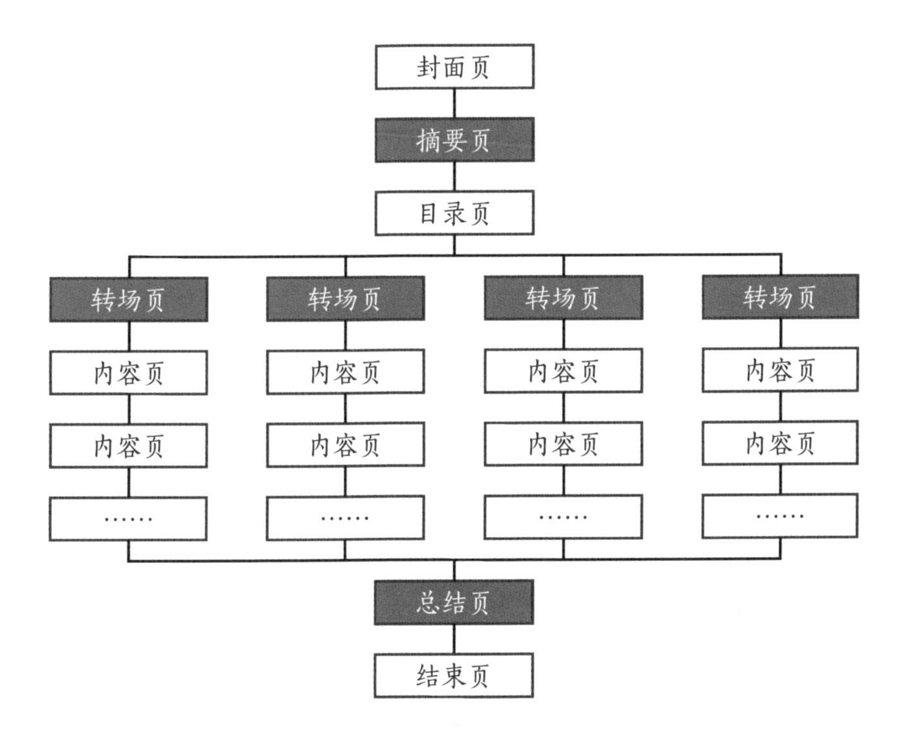

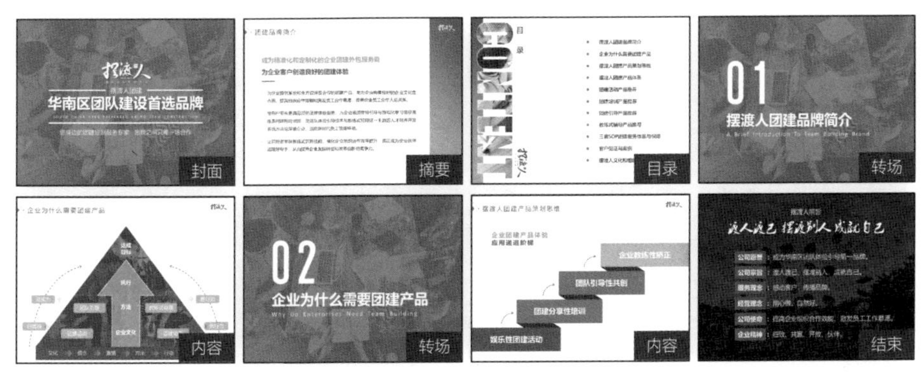

*来源：摆渡人公司介绍PPT

结构设计的几种典型大纲

1）月度工作总结

上一阶段工作目标完成情况	工作创新点和闪光点	存在的问题及对策	下一阶段工作目标

2）岗位竞聘报告

自我介绍及工作回顾	对竞聘岗位的认识	个人优势	未来工作思路和目标

3）立项报告

项目背景	项目价值分析	投入产出分析及风险评估	实施计划及经费

4）培训课件

培训主题培养目标	培训纪律考核方法	培训内容	课后练习

5）学习汇报

学习情况总体汇报	学习内容摘要交流	个人心得	落实建议

6）公司介绍

公司概况发展定位	成长历程资质荣誉	产品介绍成功案例	未来规划合作建议

7）启动大会

项目的价值和意义	对项目的期望和要求	项目团队成员及职责	项目的考核奖惩方法

8）解决方案

项目背景	问题诊断	解决方案	实施计划

第三步：视觉呈现

绝大多数人能很好地让内容结构化，并梳理出不错的内容，但一到 PPT 制作环节就开始犯懵。

比如梳理出大纲和素材后，常犯如下的错误：

1. 将 Word 的段落标题转换为 PPT 大标题（标题能代表观点吗？）
2. 将段落的中心句转换为 PPT 小标题（中心句真能表达实际观点吗？）
3. 将段落的素材转换为 PPT 小标题下的一句话（考虑过材料的衔接吗？）

这种方法只是简单地剥离 Word 材料中不重要的信息，然后放到 PPT 中。这种思路最大的问题是受到 Word 素材限制，难以发挥 PPT 用图说话的优势。

要做出好的 PPT，必须充分理解材料，先**读懂文章**，再**提炼文档**，然后**构思页面**，最后制作 PPT，而大多数人的最大问题是缺少这样的思维。

视觉呈现三步法

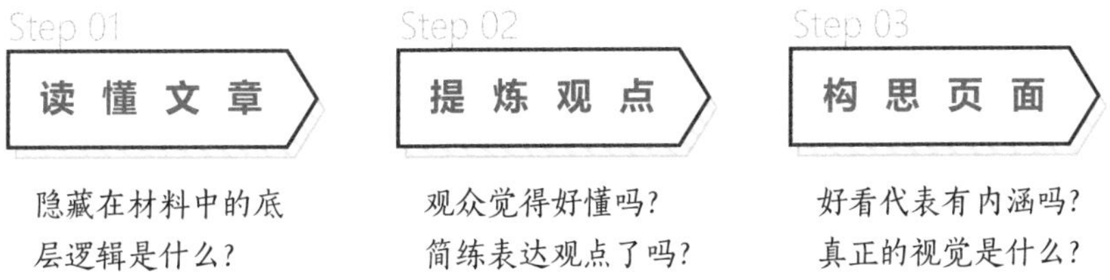

Step 01
读 懂 文 章
隐藏在材料中的底层逻辑是什么？

Step 02
提 炼 观 点
观众觉得好懂吗？
简练表达观点了吗？

Step 03
构 思 页 面
好看代表有内涵吗？
真正的视觉是什么？

信息呈现思路	具体操作	
列表化	• 将核心观点用项目编号列表展示	文不如字
图表化	• 用表格表达材料对比关系 • 用关系图表达材料关系 • 用数据图表表达数据关系	字不如表
图片化	• 用文案配图片表达观点	表不如图
形象化	• 讲述真实案例 • 提供权威意见 • 进行动作示范	要讲故事

视觉呈现第一步：如何读懂文章？

很多时候，你不要指望原始 Word 文案能给你多少有价值的内容，你必须去挖掘真正吸引客户的资料，不妨看个例子：

学会挖掘有效的信息

原文：我们网站已经累计拥有5000万具有在线支付习惯的用户。

目标：获得合作伙伴的风险投资。

构思：5000万是一个巨大的数字，但远远比不上淘宝的规模，Word的陈述很单薄，仅仅这些材料就能吸引风投吗？需要细化出这些用户的潜在商业价值，让别人一目了然地看到这些商业价值，而不是让观众去猜测这个5000万的背后意义。

观点：我们网站5000万用户是中国质量很高的白领用户群

材料：将5000万用户的分布地域，做一个示意图（公式图表或地图）

5000万用户

1500万 广州 + 1500万 北京 + 1000万 其他

观点：我们网站5000万用户单笔支付金额高于行业平均水平

材料：将用户（分性别）的单笔支付金额和淘宝做对比（柱形图）

网站　淘宝

观点：我们网站5000万用户购买活动频率高

材料：一年内重复购买次数分配比例（饼图）

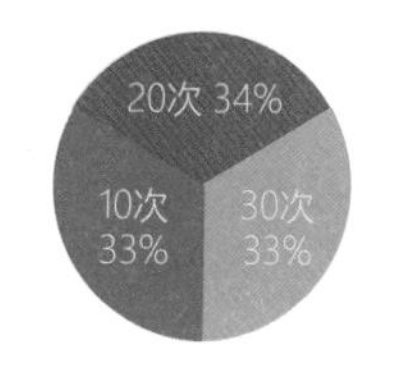

好了，如果缺乏这些材料，那么就想办法去搜集和调研，否则你是做不出有说服力的 PPT 的！

视觉呈现第二步：如何提炼观点？

你考虑过观众的感受吗？如果没能高效有力地传递你的观点，或用词不当将观众推向你的对立面，这次演示显然是失败的。

提炼观点的基本原则——请务必站在观众的角度来思考。

1）让观众觉得好懂：提炼出来的文字必须让观众看得明白，或者在看了解释之后能明白该观点的意思。

2）用短句式制造力量感：文字必须简洁、精炼，最好是有行动力的短语，例如：动词＋名词。

3）用明确具体的描述：含糊的描述让观众摸不着头脑，明确的描述才能让观众有所认知。

4）不要随便挑战观众的情绪：观点必须结合会议的主题和观众的级别温和描述。例如：都是领导之间的汇报，观点要相对温和，尽量少用“必须”“不得不”等词汇。

修改前	修改后
放弃美丽的女人让人心碎（歧义）	放弃“美丽的女人”，让人心碎 放弃“美丽”的女人，让人心碎
新生市场苦熬淡季（歧义）	新学生的市场苦熬淡季 新产生的市场苦熬淡季
人生不是没有成功，只要我们敢于行动，只要我们敢于拼搏，那么胜利的旗帜在向我们招手！（累述）	用行动铸就荣誉！（短句式）
加强地区作用（含糊）	赋予各地区编制计划的权力（明确）
减少应收账款（含糊）	建立追讨逾期账款的机制（明确）
2018年必须达成1亿目标，大家必须配合！（命令式）	2018年务必达成1亿目标，成功的钥匙掌握在各位手上！（激励式）

我们来看一个提炼美化的案例：

行业市场
LBS市场将迎来爆发性增长

艾媒市场咨询研究数据显示，过去三年，中国LBS个人应用市场规模保持快速增长态势，由2008年的市场规模为3.35亿元，2009年突增为6.44亿元，到了2010年，这一数据改写为9.98亿元，同比增长135%。

预计到2013年，中国LBS个人应用市场总体规模将突破70亿元，五年平均增幅将超过100%。

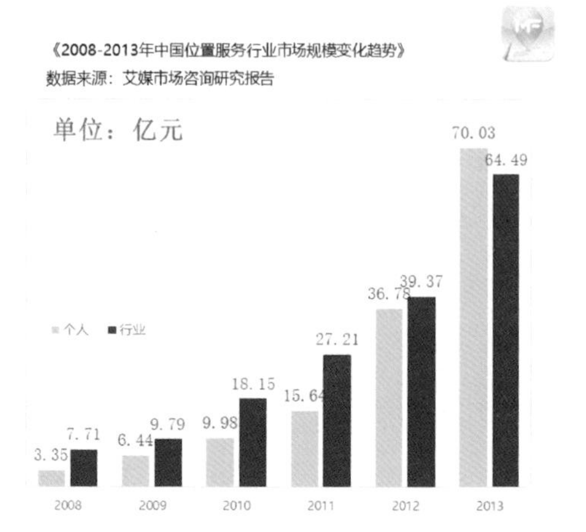

修改前：尽管该页面的呈现已经算不错了，但论据的描述过于累赘，是典型的堆砌文字类*PPT*。文字的描述中，与数据图表体现的意思是重叠的，所以可以进行提炼删减。

行业市场
LBS市场将迎来爆发性增长

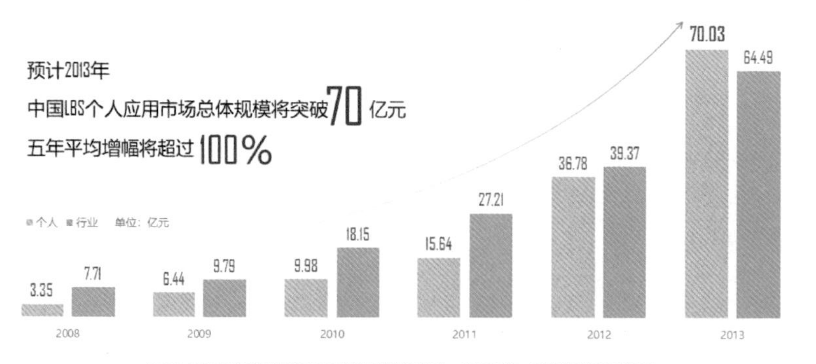

修改后：放大数据图表和添加趋势线，加强数据图表体现出来的趋势度，提炼关键的信息，呈现有力的数据结果。修改后更容易理解了。

视觉呈现第三步：如何设计页面？

设计页面只要图文并茂、精美就够了？你可能想简单了。

固有页面的设计特点

封面页/封底页

封面一般放主题，封底放致谢语，信息量少，考虑设计美观即可。

目录页

目录页一般放大纲要点，一般以列表式罗列，考虑设计美观即可。

转场页

放大纲对应章节，同样信息量少，考虑设计美观即可。

正文页

正文页内容多变，信息量大。合适的表达方式最重要，也要考虑美观。

从上面你可以发现，封面 / 封底页、目录页和转场页信息量少，只要考虑制作美观就可以了，但最让人头疼的却是内容多变的正文页。

正文页是 PPT 出现频率最多的页面，盛放了主要的信息和内容，最应关注的不是美观，而是要读懂材料、提炼观点，并设计适合的内容表达形式（如数据图表、关系图表）。

如何设计美观的页面？前文我们提及的可视化技巧可以借鉴。

下面来看个封面设计的例子：

修改前：典型的套用模板制作的*PPT*。套用模板有几个特点：个性化不足、模板颜色很难调整（不匹配主题）、容易撞车，别人也在用。

修改后：要有契合主题的视觉冲击力。我们用一张通信互联的底图作为背景，大气美观。另外对文字进行对比排版，更具有聚焦度。

如何表达正文页中内容材料的关系？这需要我们读懂文章材料，然后用关系图表或数据图表表达。

我们来看个正文页的设计例子：

质量管理：PDCA循环

- **P （plan） 计划**

包括方针和目标的确定，以及活动规划的制定。

- **D （do） 执行**

根据已知的信息，设计具体的方法、方案、计划布局并进行具体运作。

- **C （check）检查**

总结执行计划的结果，分清哪些对了，哪些错了，明确效果，找出问题。

- **A （action）调整**

对总结检查的结果进行处理，对成功的经验加以肯定，并予以标准化；对于没有解决的问题，应提交给下一个PDCA循环中去解决。

修改前： 列表式常用于表达并列关系，这里显然关系表达不到位。

质量管理：PDCA循环

P （plan） 计划
包括方针和目标的确定，以及活动规划的制定。

D （do） 执行
根据已知的信息，设计具体的方法、方案、计划布局并执行。

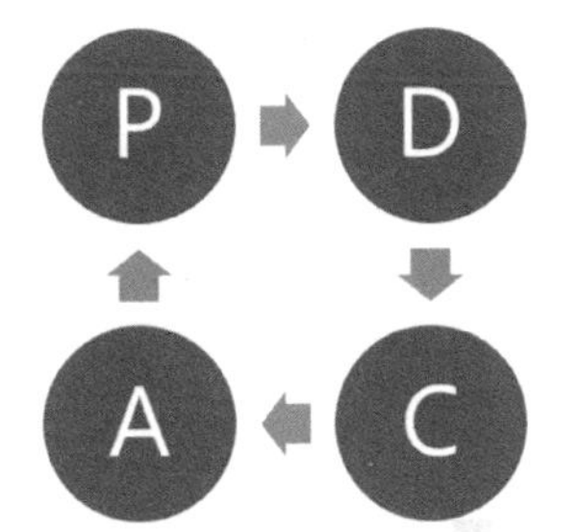

A （action）调整
对结果处理，成功的经验加以肯定，标准化。没有解决的问题，提交下一个PDCA解决。

C （check） 检查
总结执行结果，分清对错，明确效果，找出问题。

修改后： *PDCA*是个循环改进的模型，体现的材料关系应该是循环式的，这里使用*PPT*自带的*SmartArt*工具来制作关系图表，更加清晰。

第04章 打造逻辑严谨的内容架构

扫码看视频

有的 PPT 设计不错，但看起来让人云里雾里；有的 PPT 也许设计不一定完美，但看起来却很好懂。

这其中的关键是要做到逻辑清晰。很多 PPT 设计会出现两种逻辑问题：逻辑缺失和逻辑混乱。

逻辑缺失

因为男性女性抽烟比例是世界之最，所以是世界上抽烟人数最多的国家？

典型逻辑缺失，人口基数对比过吗？

逻辑混乱

钱财=粪土，仁义=千金，所以仁义=千金=钱财=粪土？

典型逻辑混乱，前后不着调。

这在PPT中时常见到，论证不够全面，推演不够严谨，简单粗暴推出结论。

如何做出逻辑清晰的PPT呢？
请跟秋叶老师一起学。

01 用金字塔原理，做出有逻辑感的PPT

02 掌握常用的商业PPT逻辑框架

1 用金字塔原理，做出有逻辑感的 PPT

金字塔原理的逻辑框架非常适用于 PPT 设计，让我们一起来看下。

PPT应用金字塔的三大好处

制作时间减少　文字密度减小　内容更有条理

金字塔原理是美国前麦肯锡顾问芭芭拉·明托针对写作思路不清的人提出的一种结构化思考的方法。

明托金字塔原理已成为麦肯锡公司的公司标准，并被认为是麦肯锡公司组织结构的一个重要部分。

在《金字塔原理》新版中明托专门补充依据金字塔原理做PPT应注意的事项。

金字塔原理的四大法则

结论先行　自上而下　归组分类　逻辑递进

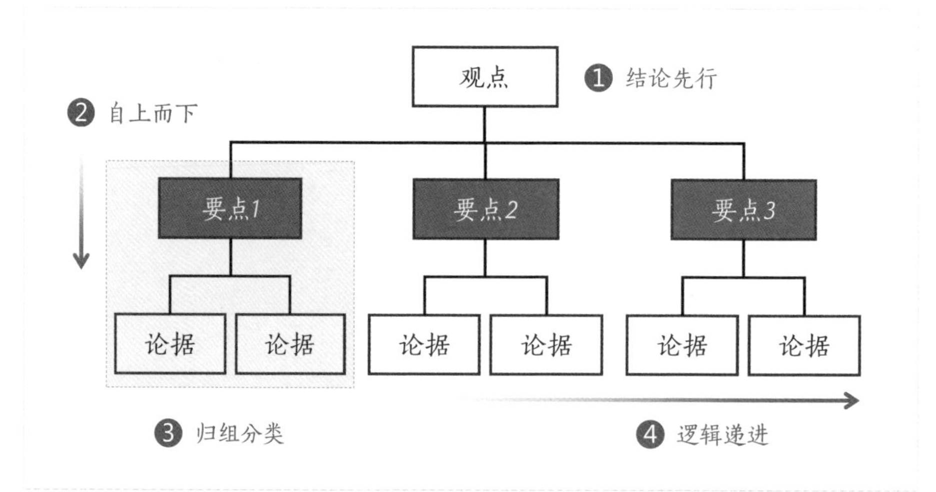

金字塔法则一：结论先行

首先要清楚一点：观众的注意力是有限的。尤其在职场中，先抛出你的结论和观点尤为重要，毕竟你的领导或客户没有时间听你长篇大论。

麦肯锡30秒电梯理论

麦肯锡公司曾经得到过一次沉痛的教训：该公司曾经为一家重要的大客户做咨询。

咨询结束的时候，麦肯锡的项目负责人在电梯里遇见了对方的董事长，该董事长问麦肯锡的项目负责人："你能不能说一下现在的结果呢？"由于该项目负责人没有准备，而且即使有准备，也无法在电梯从30层到1层的30秒内把结果说清楚。

最终，麦肯锡失去了这一重要客户。

从此，麦肯锡要求公司员工凡事要在最短的时间内把结果表达清楚；凡事要直奔主题、直奔结果。麦肯锡认为，一般情况下人们最多记得住一二三，记不住四五六，所以凡事要归纳在3条以内。

结论先行对演讲者的提炼能力和总结能力有比较大的挑战，因为你不仅要精练内容，在精练后还要高度总结，给对方留下深刻印象。

那么，如何在 PPT 中做到结论先行？

我们认为有三个层次：

1）提炼观点，总结归纳是最基本的要求；

2）高度总结，观点短小精湛打造说服力；

3）语出惊人，另辟蹊径给人深刻的印象。

结论先行第一层次：提炼观点，总结归纳是最基本的要求

不妨来看下两位汇报者的陈述：

小A

老板，我最近在留意原材料的价格，发现很多钢材都涨价了；
还有刚才物流公司也打电话来说提价；
我又比较了几家的价格，但还是没有办法说服他们不涨价；
还有，竞争品牌最近也涨价了，我看到……
对了，广告费最近花销也比较大，如果……可能……

小B

老板，我认为我们的产品应该涨价20%，而且要超过竞争品牌。有三个原因：
第一，原材料最近都涨价了30%，物流成本也上涨了；
第二，竞争品牌全部都调价10%～20%，我们应该跟进；
第三，广告费超标，我们还应该拉出空间，做精准广告推送。
老板，你觉得这个建议是否可行？

同理，以这样的思维做出来的 PPT 可能是这样的：

近期工作汇报

- 最近留意到原材料的价格，发现很多钢材都涨价了；物流公司也打电话来说提价。
- 比较了几家的价格后，还是没有办法说服不涨价；
- 竞争品牌最近也陆续涨价了；
- 广告费最近花销也比较大。

小A做的PPT
逻辑混乱无序

建议公司的产品应涨价20%

01 原材料最近都涨价了30%，物流成本也上涨了；

02 竞争品牌全部都调价10%~20%，我们应该跟随；

03 广告费超标，应该拉出空间，做精准广告推送。

小B做的PPT
结论先行，观点提炼

是不是小 B 的逻辑更为清晰？现在你知道提炼观点、总结归纳的重要性了吧！

结论先行第二层次：高度总结，观点短小精湛打造说服力

清代学者刘大櫆在《论文偶记》中说："文贵简。凡文笔老则简，辞切则简，理当则简，味淡则简，意真则简，气蕴则简，品贵则简。"

有时提炼观点还不够，还要用短小精湛的短句式高度总结你的观点。

著名作家郁达夫的两分钟演讲

《文艺创作的基本概念》

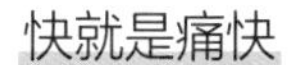

短就是简明扼要

命就是不要离命题

著名作家郁达夫就深知文贵短的真谛，有一次演讲，一上台就在黑板上写了"快短命"三个字。台下的观众面面相觑、迷惑不解,郁达夫接着说：

"我今天要讲的题目是《文艺创作的基本概念》，这三个字就是要诀。'快'就是痛快，'短'就是简明扼要，'命'就是不要离命题。演讲和作文一样，不可以说得天花乱坠、离题万里。完了。"

演讲时间前后不到两分钟，这就是郁达夫针对写作和演讲提出的"快短命原则"。

郁达夫的演讲堪称经典，用高度总结的短句式，简明扼要地分享了文艺创作的三要诀，可见他在该领域上的深度认知。

这种形式在很多广为应用的逻辑思维模型（PDCA 循环、SWTO 分析等）和教学提炼的要点步骤(如 PPT 改造四步法、高效协作四个要点等)中可以见到。

我们接下来看一个简单的例子。

小鱼现在需要对全国各分公司的销售员进行培训，希望他们明白销售并非只是把东西卖出去而已，还要考虑其他的维度，他希望内容能快速记忆。

于是他制作了一页这样的 PPT：

精英销售员要
关注的四个维度

销量
SALES VOLUME

效率
EFFICIENCY

服务
SERVICE

成本
COST

修改前：显然，这页PPT已经经过提炼成为简明扼要的四个维度。但从提炼的结果来看，并不能给学员很好的记忆点。

精英销售员要
关注的四个维度

多
MANY
销量越多越好

快
FAST
效率越快越好

好
GOOD
服务越好回头客越多

省
SAVE
越省成本利润越高

修改后：我们换种思维（用KISS原则），让学员能有切身感受。因此，我们用多快好省来描述，卖得多还要卖得快，卖得快还要服务好（回头客多），服务好还要省成本。是不是更精湛有说服力？

结论先行第三层次：语出惊人，另辟蹊径给人深刻的印象

好的开端等于成功了一半，开头一定要足够吸引人。

朗朗上口、关键词连贯成句都能给人留下深刻的印象，但大多数人很难做到这种程度，它有可能是一时的灵感，也有可能是多次迭代的结果。

西南联大著名学者刘文典教授的教学

西南联大著名学者刘文典教授教学生写文章，上台仅授以“观世音菩萨”五字。

刘教授这一句话让学生如坠云里雾里，他接着解释说：“观”乃多多观察生活，“世”乃需要明白世故人情，“音”乃讲究音韵，“菩萨”则是要有救苦救难、关爱众生的菩萨心肠。

学生听之恍然大悟，对老师所授写作秘诀终生难忘。

结论先行第二层次和第三层次的两个案例中，刘文典教授的教学比起作家郁达夫，总结提炼上升了一个维度。不仅从技巧总结上升到价值认知的意识层面，还将总结连贯成有意思的一句话，可谓经典中的经典。

我们来看一下，别人是怎么做的。

在网易云课堂，秦阳老师开设的《工作型 PPT 应该这样做》课程中，秦阳老师提出了“梳理年终总结 PPT 的目标要注意七个要素”。

于是他做出来的 PPT 是这样的：

时长　环境　内容　呈现　重心　结果　受众

假如只有这一页 PPT，七个关键词的记忆显得困难，那怎么办呢？

看下秦阳老师是怎么做的：他从每个关键词中提取了第一个字，并用谐音组成了一句话。这样一来，是不是很好记忆，又有意思？

当然，在职场中的 PPT，大多数情况下我们多以业绩数据和关键事件的汇报为主，并不要求我们达到后面两个层次。

因此，结论先行最起码要做到第一层次：提炼观点，总结归纳！

金字塔法则二：自上而下，构建你的金字塔

当你只有一个思路或一个主题时，自上而下地列出要点，可以逐步构建清晰的金字塔逻辑。

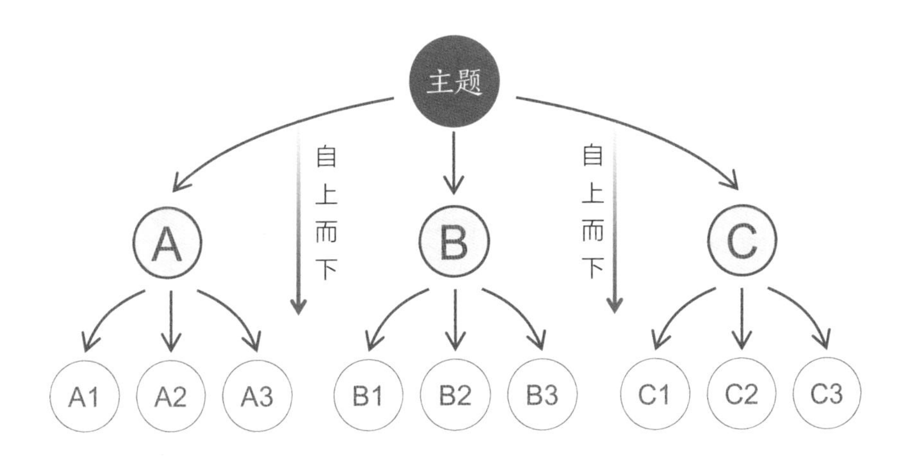

自上而下是按照一定的规则，将主题或问题拆解成关联的二级主题或次要问题，再重复层层拆解到可以讲清楚或解决问题的过程。这样的过程可以把你的思路一步一步地清晰化。

日常的很多工作思路，背后都存在金字塔原理自上而下的法则。

自上而下地构建 PPT 的框架

依然用“年度总结”来举例，年度总结无非是要说明几点：做了什么？做得怎样？有没有做得不好的地方？接下来做什么？按照这样的思路，你可以自上而下拆解为几个维度来陈述：

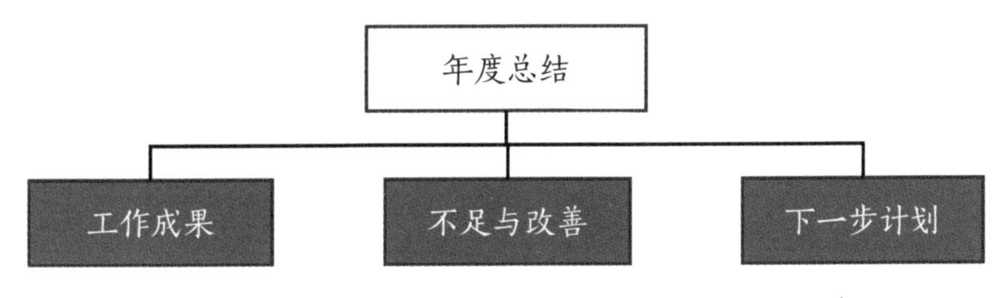

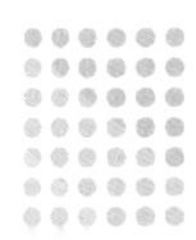

再往下，你可以将每个维度进一步拆解，重复以上动作，直到成为一个可以叙述完整的结构。比如：

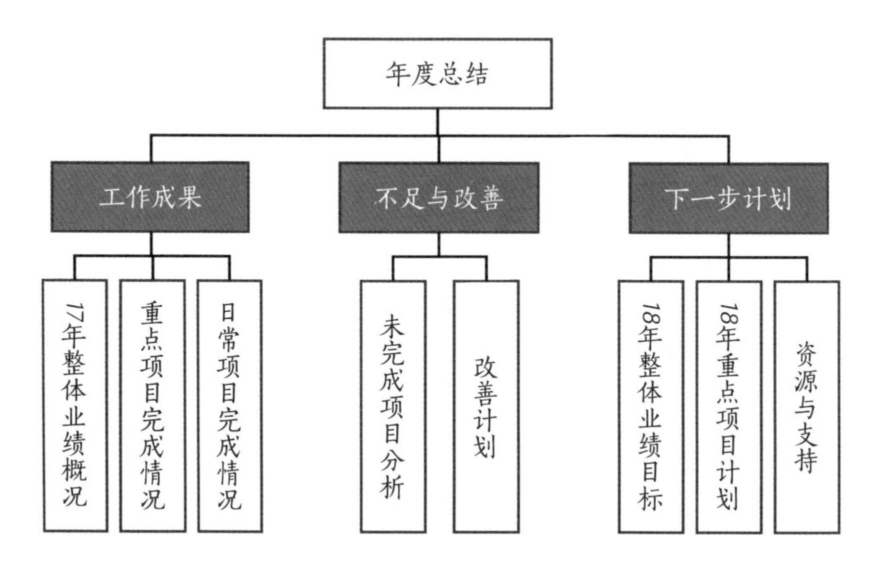

分解到这个程度，你就可以开始收集素材，按照构建的框架在 PPT 中导入你的素材内容。比如 PPT 的目录制作出来可能是这样的：

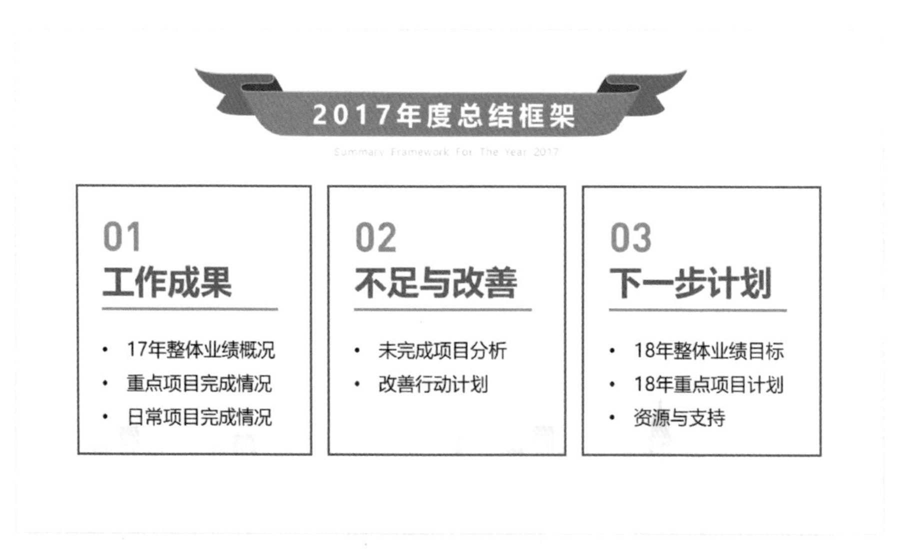

当然，自上而下分解不仅适用在构建框架上，还可以用在问题分解上。

自上而下地分解你的问题

比如你现在需要将这样一个问题：2017 年市场业绩不佳，需要进一步找出问题出现在哪个环节。

这时，你可以来一次头脑风暴，根据业务特点从“人、事、物、环境”等维度出发，充分分解并分析可能存在的问题。比如这样的：

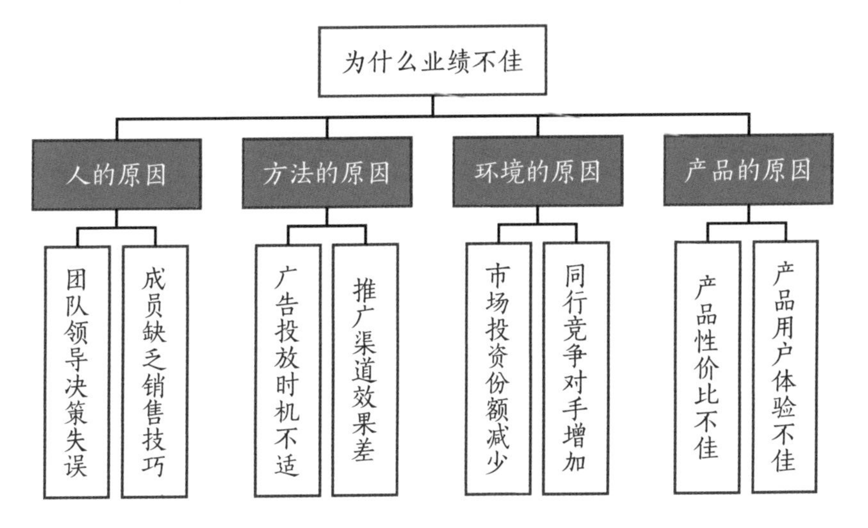

尽可能地自上而下分解后，将可能的原因逐一验证，这样就可以找到问题改善点。这其实使用的是鱼骨图的思维，呈现在 PPT 上可以是这样的：

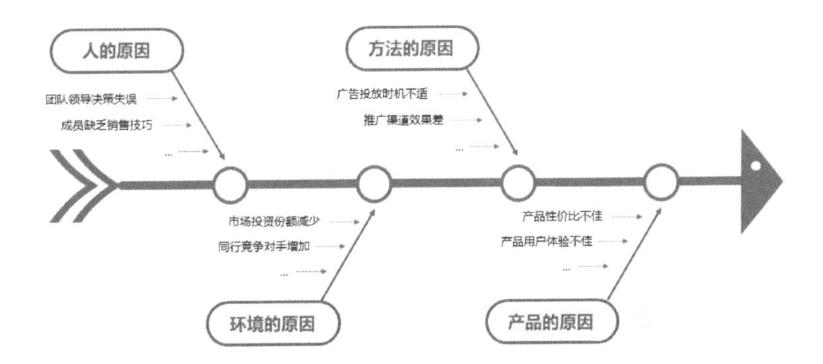

金字塔法则三：归组分类

自上而下地分解后成次要问题后，要有意识地将次要问题归组分类。这样会让你的思路更加清晰，也让别人更好理解和记忆。

葡萄、橘子、牛奶、黄油、土豆、苹果、鸡蛋、酸奶、萝卜

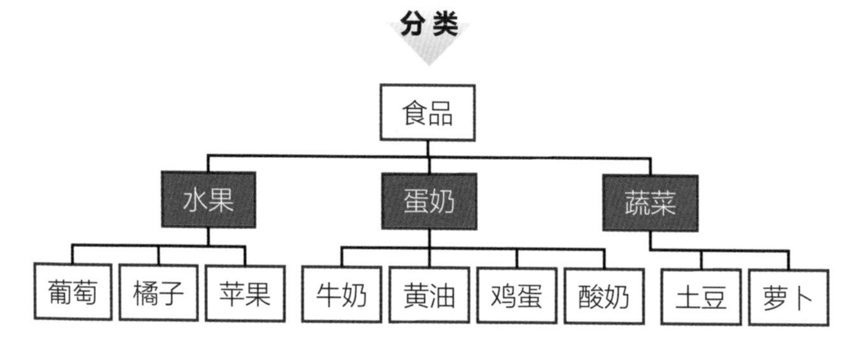

经过合理分类后，虽然信息量增加了，记忆难度反而下降了。

这是因为我们依据金字塔原理找出了数据之间符合我们日常常识逻辑的关系。

归组分类可以有多种方式

可以根据不同的观众关注点，调整你的归组分类。比如上方的案例，观众如果是宝妈，可以这样分类：

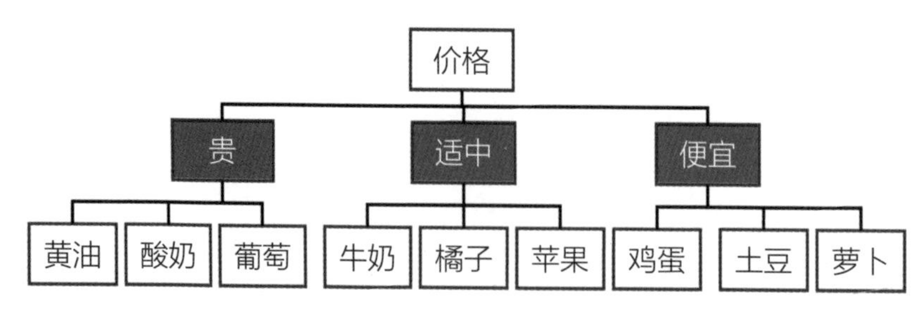

如果观众是小众群体，以观众关注的维度来分类会更加合适。

归类要遵守 MECE 原则：相互独立，完全穷尽

归类时，你还要注意是否符合 MECE 原则。

Mutually Exclusive Collectively Exhaustive

相互独立 完全穷尽

我们在 *PPT* 的三段式逻辑 – 内容逻辑中也提到：*PPT* 的逻辑是否严谨，取决于它是否遵守 *MECE* 原则。只有这样，你的逻辑才能严谨，没有遗漏。

两种常犯的归类错误

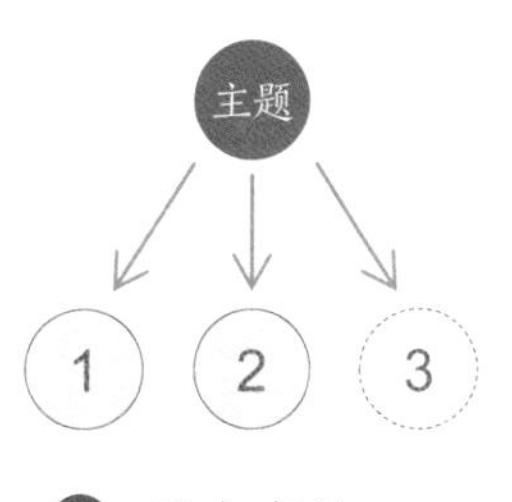

没有穷尽

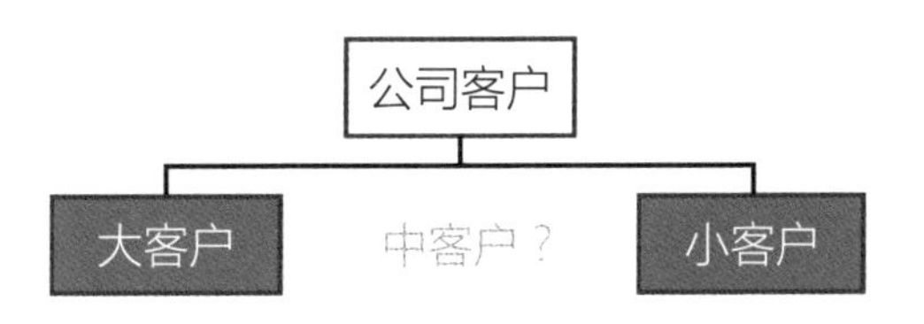

遗漏了中等客户，属于分类不完整，没有穷尽的归类。

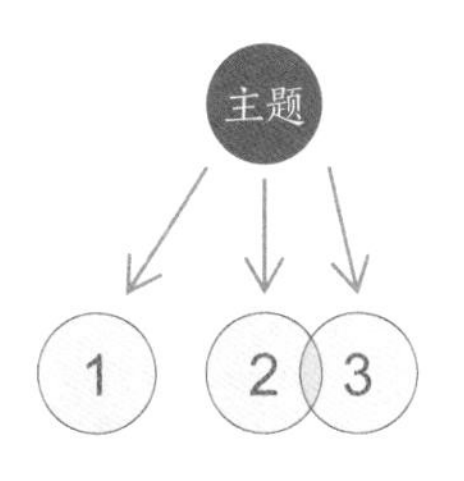

相互不独立

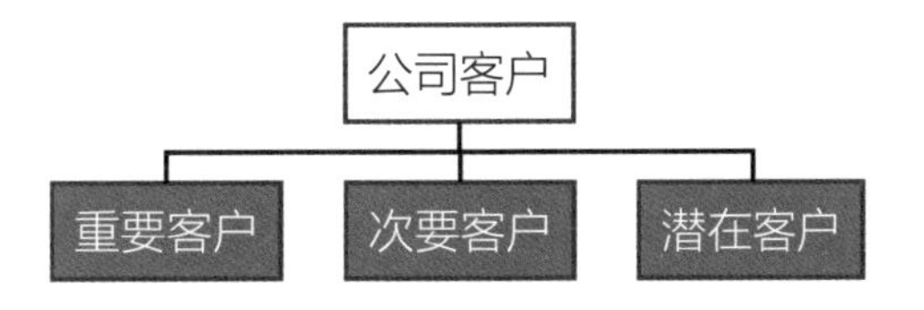

潜在客户也可能是重要的，也可能是次要的，属于相互不独立的归类。

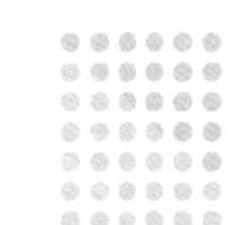

金字塔法则四：逻辑递进

归组分类时，同一组内的内容还要按一定的逻辑关系排列，这样才能看到你的逻辑主线。

确定逻辑结构的三种顺序

逻辑顺序		举例
时间顺序	确定前后因果关系	• 过去、现在、未来 • 短期计划、中期计划、远期规划 • 第一季度、第二季度、第三季度、第四季度
结构顺序	将整体分割为部分	按空间划分： • 东部、南部、西部、北部 • 总部、分公司、研发基地、供应链 按流程划分： • 招聘、培训、绩效、薪酬、员工关系 • 项目计划、执行方案、改进措施 • 存在问题、原因分析、优化方案
重要性顺序	将类似事物归为一组	• 董事会、经营层、员工 • 运营商客户、政企客户、个体客户 • 主营业务、辅助业务、战略业务

举个例子：现在要做一份通信公司的业绩汇报材料，我们来看下它的大纲可以按什么逻辑顺序来构建。

第一层级的自上而下分解，我们可以根据董事会或领导最关注的点来进行，比如下方三种分解形式。

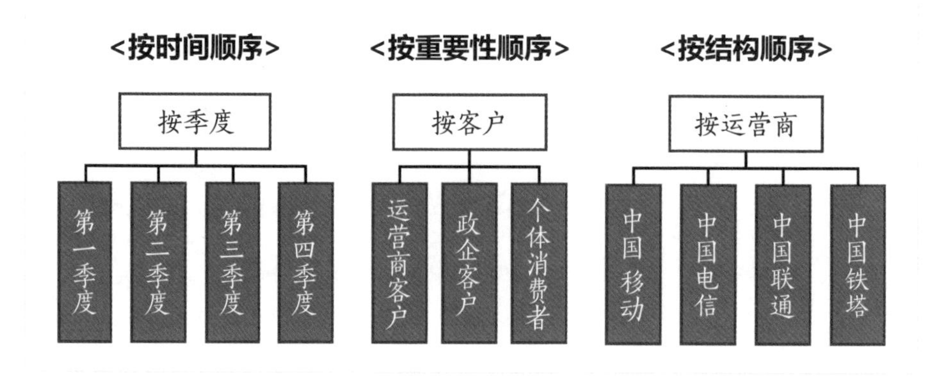

假设董事会关注的点是各客户群体的业务情况，你可以按结构顺序继续往下分解，比如：

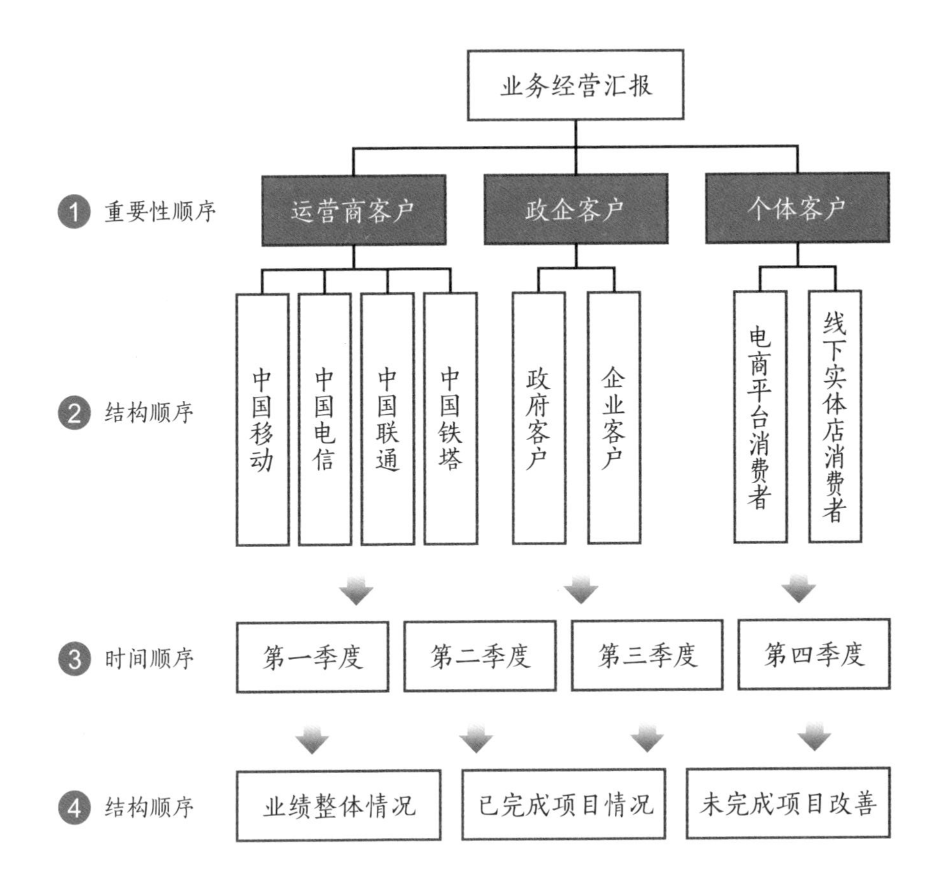

这样一来，你的汇报逻辑是否会清晰很多？

一般来说，三种逻辑结构在 PPT 中结合使用，但最为关键的是第一层次的分解，因为这涉及经营分析关注的核心点（比如大多数企业的经营分析会议，多以结构顺序进行，对各部门情况进行汇报）。

金字塔的三种逻辑结构顺序在 PPT 应用中非常广泛，尤其在职场中，有 99% 以上的 PPT 逻辑框架可以使用这样的逻辑结构。

如何将金字塔原理用到你的 PPT 中？

作者芭芭拉·明托这么说

1. 先亮出你的结论
2. PPT只传递最重要的信息
3. 所有的信息必须经过分类
4. 每页PPT只演示和说明一个论点
5. 论点应该用陈述性语言，别用标题性语言
6. 学会讲故事（利用各种SCQA结构）
7. 提高PPT的趣味性（取决于排版、字体和配色，并非动画）
8. 降低PPT的复杂性（可以采取“搭积木”的动画方式展示）

思考一下，前文我们提到的 PPT 三段式逻辑，与金字塔原理在 PPT 的应用上有没有相似之处？

为什么那么多 PPT 不按金字塔原理设计？

1. 他们根本没有听说过金字塔原理
2. 他们不确定什么信息是最重要的
3. 他们不是不知道重点，而是担心领导看到重点不尽如人意
4. 他们故意让PPT的信息变得模糊，这样反而对他们有利
5. 因为他们套用了模板，明明知道不对，但是懒得改

这下明白为何 PPT 总是饱受争议了吧？

我们在第 3 章中提到的“用白纸写好你的 PPT”即是使用金字塔原理构建 PPT 逻辑的过程。

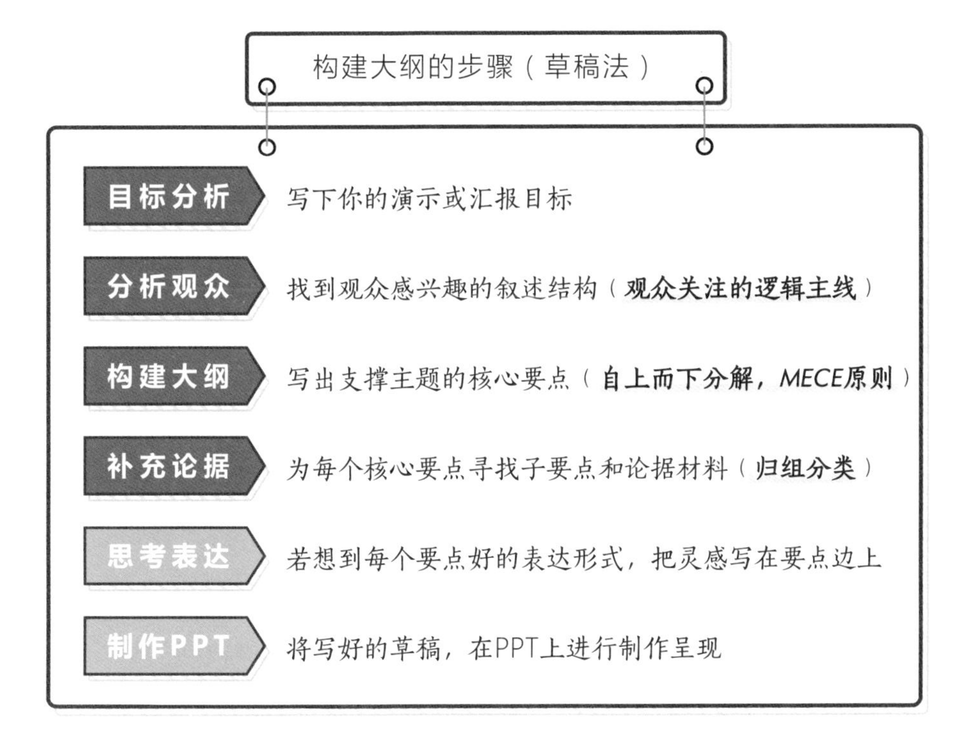

案例：某通信事业部向董事会汇报业绩。

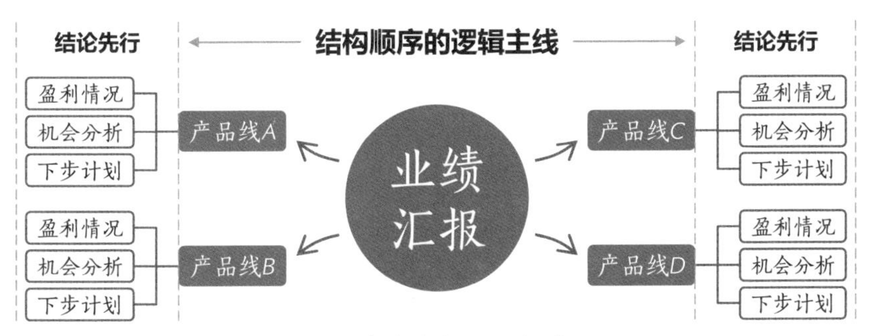

观众是董事会领导和投资人

关注各**产品线**的盈利情况和市场机会点

让金字塔原理无时无刻出现在你的 PPT 中

金字塔原理不仅在 PPT 大纲构建上要应用，在每个要点、论据的 PPT 页面上都要有所体现。

结论先行，提炼观点

WORD

X公司的未交订货的数量一直非常高。在PMG业务领域，不能完全按订单供货，将不可避免导致份额下降。

1. 制造问题是造成目前状况的原因之一
2. 供应链流程不连贯和管理不善使制造问题更加复杂
3. 供应链和制造流程缺乏紧密配合，无法缓解未交订货问题，也不能集中保证重点客户和重点产品。

PPT

现实：未交订货水平高！

1）制造存在问题

2）供应链流程不合理

3）制造/供应链缺乏整合

先抛出结论，而不是分析情况。要总结提炼，而不是Word式地罗列。

归组分类，建金字塔

发挥整体优势，深挖龙头增值业务市场潜力

灵通增值业务捆绑与开发并重

灵通短信
- 及时推出"灵通地带"等短信包月套餐，通过捆绑销售发挥产品的整合营销优势。
- 针对政企客户加强信息手机。

灵通彩铃
- 走套餐捆绑之路，有效提高七彩铃音渗透率。
- 丰富针对性营销内涵，发展有效用户。

取得成绩
- 短信活跃用户保持在300万户左右，包月用户月收入突破1000万元。
- 与40所高校签订了信息手机商务短信使用协议，商务短信用户已达2000户，总发送量已突破800万条。
- 通过套餐捆绑累计发展小灵通七彩铃音用户10万户，"5＋1"用户已达4万户。

灵通增值业务捆绑与开发并重，市场取得突破

取得成绩
- 短信活跃用户保持在**300万**左右，包月用户月收入突破**1000万元**
- 40所高校签订手机商务短信协议，用户达**2000户**，总发送量突破**800万条**
- 套餐捆绑累计发展小灵通七彩铃音用户**10万户**，"5＋1"用户已达**4万户**

价格
- 灵通地带短信捆绑包月套餐
- 套餐捆绑七彩铃音

渠道
- 加强政企客户商务短信推广

服务
- 完成PHS短信分析系统
- 开发新功能

促销
- 七彩铃音开通和下载促销
- 信天游短信连连发手机拿回家
- APUR用户短信群发推荐
- 27万沉默用户电话营销推广

问题诊断（左）：标题没有突出中心思想；字多，关键信息不突出；材料的堆积，看不见思路。

修改思路（右）：标题先列结论；突出关键信息；用*4P*逻辑组织材料，建立金字塔。

金字塔原理与 PPT 的三段式逻辑是相对应的，目的均是建立让观众易懂好理解的逻辑。

金字塔原理的几个注意事项

建立逻辑并非只有金字塔原理

建立逻辑的方法有很多，不过金字塔原理总结得很好，具备系统的套路，应用也很广泛。

金字塔原理并非万能的

金字塔原理在管理咨询顾问眼里只是一个大逻辑的思维方式。

议论文中的三要素（论点、论据和论证）与金字塔原理在很多方面道理是相通的，金字塔原理的核心是“逻辑性地分解”，从这个层面讲的话，金字塔原理的确是一个普适性的原理，尤其在 PPT 这种“跳跃性思维”的呈现形式方面有较高的使用价值。

金字塔原理提倡把结论放在前面，这样构思的 PPT 非常适合需要快速说服的场合。但也有特殊情况，比如：

你需要制作的是一个教学 PPT，特别是思辨型教学，一开始就阐述你的观点，并说服别人接受，很可能会被别人加上一个帽子——洗脑。在这样的场合，往往需要循循善诱，经过一环套一环严密推导，最后才晒出你的看法，这种设计，就不是《金字塔原理》一书擅长的套路了。

应该如何掌握金字塔原理

尽管本书高度提炼了金字塔原理的精髓，能帮助各位有效理解和应用。

但是要想真正理解金字塔原理，还需要做到以下几点。

1）认真看看原版著作。

2）理解麦肯锡公司的基本方法：以假设为导向，以逻辑为依据，以事实为根据，金字塔原理是在这种思维模式下的一个具体化工具。

3）任何管理工具都要善于结合你的生活、工作中的场景，主动去练习应用，把这个思维用到你一切可以联系起来的场合，这样用多了，这种思维就会慢慢成为你的一种思维武器。不仅仅是金字塔原理，一切逻辑工具都可以通过这样的方式来掌握。

2 掌握常用的商业 PPT 逻辑框架

对专业人士来说，好的 PPT 要让观众能清楚地把握整个 PPT 的内容。这就要求制作者在构思 PPT 之前对全部的演讲内容有一个合乎商业逻辑的组织。

除了金字塔原理的大逻辑结构，还有很多的商业逻辑结构可以组织逻辑，而掌握一种逻辑结构就掌握了一种讲故事的方法。

只要不断总结积累，将逻辑结构转化为日常的思维模式，你就会成为那个最会讲故事的人！

在这里，我们简单介绍几种常用的逻辑结构模型。

SCQA结构：金字塔原理推荐的有效讲故事结构。

S	C	Q	A
情景	冲突	疑问	回答

经典三段法：职场最为常用的逻辑陈述结构，简单好用。

What	Why	How
是什么	为什么	怎么办

道法术器：来源于老子的《道德经》，常用于企业管理。

道	法	术	器
三观	思维	手段	工具

SWOT矩阵：分析事件的内部优势、劣势和外部的机会和威胁。

S	W	O	T
优势	劣势	机会	威胁

时间紧急重要性模型：常用于时间管理中，对事件优先级排序。

紧急不重要	紧急且重要
不重要不紧急	重要不紧急

能力矩阵模型：常用于人才盘点和分析，界定人才潜力。

人才	人财
人在	人材

SCQA 结构

SCQA 是金字塔原理推荐的有效的讲故事结构。

SCQA 结构建议商务演示和汇报通过观众已经熟知的事实或信息来引入，然后逐步过渡到希望引出或需要回答的问题上去。

借用大乘起信的作品我们来看看 SCQA 结构在 PPT 情景设计中的应用。

情景
Situation

冲突
Comlication

疑问
Question

回答
Answer

SCQA 有四种形式，根据顺序的不同，可以有不同的效果。

标准式 情境 – 冲突 – 解决方案	开门见山式 解决方案 – 冲突 – 情境
突出忧虑式 冲突 – 情境 – 解决方案	突出信心式 疑问 – 情境 – 冲突

我们分别来看下不同形式的 SCQA 结构的用法，这里以“为什么要选择《和秋叶一起学习 PPT》这本书”为例：

标准式：

情境：什么情况？
冲突：什么痛点？
疑问：怎么办？
解决方案：赶紧买书

开门见山式：

解决方案：赶紧买书
疑问：为什么？
情境：什么情况？
冲突：什么痛点？

突出忧虑式：

冲突：什么疼点？
情景：什么情况？
疑问：怎么办？
解决方案：赶紧买书

突出信心式：

疑问：怎么做？
情景：什么情况？
冲突：什么痛点？
解决方案：赶紧买书

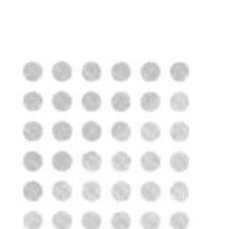

经典三段法

三段法适应的场合非常多，很多解决方案都是类似这样的讲述结构。

把整个 PPT 用三段法组织，是很轻松的一种讲述结构，在 WHY 的阶段，建议尝试下“连问 5 个为什么”，这样你就可以挖掘到深层的原因。

What

是什么：智慧城市引领城市信息化的发展

聚焦智慧城市
引领城市信息化新发展

Why

为什么：城市面临人口扩展、环境污染、管理瓶颈、能源供给的痛点

城市发展面临挑战：

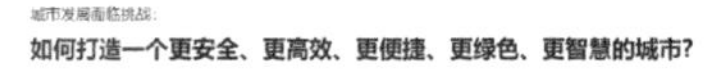

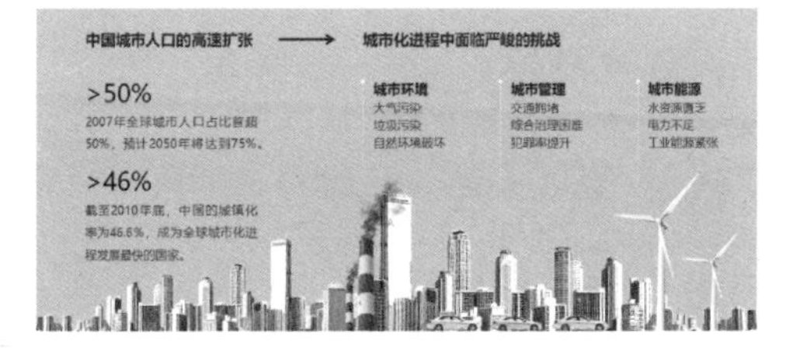

How

怎么办：智慧城市是解决痛点的最佳突破口

城市发展新方式：

智慧城市是应对城市化挑战的突破口

面对诸多挑战，智慧城市成为一种城市发展的新方式，借助**物联网、云计算、移动互联网**等信息化技术，实现政府管理、经济发展、民众生活模式的转变。

2012年，北京、上海、广州、深圳、南京、天津、大连、合肥等城市都把建设“智慧城市”提上政府工作日程，做为城市发展的重要任务，智慧城市的建设正逐渐**从宏观规划向微观**应用落地发展。

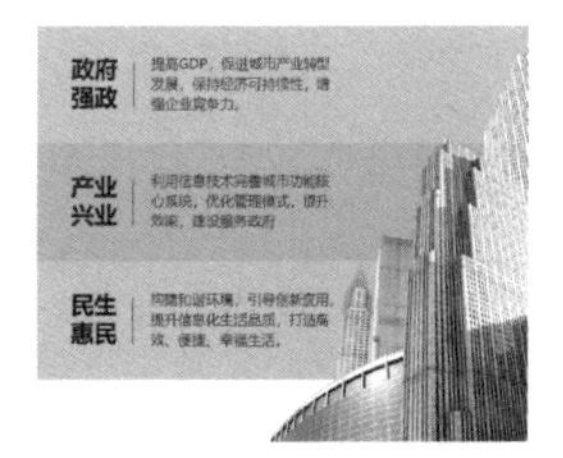

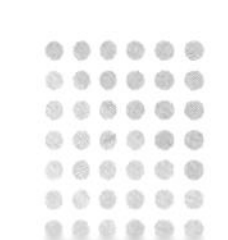

道法术器

道：指价值观。即判定事物好坏、美丑、喜恶的价值标准。

法：指实现价值观的最根本的战略、方法、指导方针、思路。

术：指具体实现的方法和手段。

器：指工具。工具的作用是提高效率，把复杂问题简单化。

道法术器是种广义的思维模式，适用于很多场景，常用于企业经营和管理理念。对于不同的人，会有不同的诠释，这就可以延伸出很多的场景。

举个例子，秋叶 PPT 的课程规划就借鉴了「道法术器」，在其基础上进行改进，做了自己的诠释，如下：

幻方秋叶PPT课程规划			
课程阶段		侧重	课程设计要点
道	领域权威	思路、思维	逻辑、沟通、演讲
艺	设计大神	颜值、设计	风格、创意、前沿技巧
法	效率之王	实战、场景	高效、实用、真实
术	新手上道	技术、功能	全面、体系化、认知
器	菜鸟入门	工具、界面	基础操作、讲述有趣、动手实操

该模型的使用因人而异，其解决问题的思路非常值得借鉴。

SWOT 矩阵模型

内部能力 / 外部因素	优势（*Strengths*） （内部企业优势）	劣势（*Weaknesses*） （内部企业弱势）
机会（*Opportunities*） （外部市场机会）	**SO战略** （最大程度的发展）	**WO战略** （利用机会，回避弱点）
威胁（*Threats*） （外部市场不利影响）	**ST战略** （利用优势，降低威胁）	**WT战略** （收缩、退市、合并）

SWOT 矩阵是企业常使用的一种内部分析方法，它可以综合分析企业内在能力和外部环境影响，找出企业的优势、劣势及核心竞争力所在，并作出应对措施。

SWOT 的用法因人而异，比如下方是针对某物流公司的分析：

内部能力 / 外部因素	优势（*Strengths*） • 资深企业，有公信力 • 拥有全国范围的物流网（超万家邮政局）	劣势（*Weaknesses*） • 灵活性不足，智能*IT*化落后 • 追踪查询服务不完善
机会（*Opportunities*） • 电商平台发展迅速，寄件需求逐年增加 • 智能化的物流技术飞跃发展	**SO战略** • 依托现有物流网资源，打造智能化的物流技术	**WO战略** • 打通电商平台资源接口，形成双赢 • 进一步打造物流智能*IT*平台
威胁（*Threats*） • 通信技术发展，邮政需求逐年减少 • 多家宅送平台崛起，竞争激烈	**ST战略** • 灵活运用范围宽广的邮政物流网络，打造特有的差异化竞争力 • 与其他宅送平台建立合作	**WT战略** • 整合物流资源，实现最优化 • 效仿优秀的物流宅送平台，建立灵活的物流体系

时间紧急重要度模型

时间紧急重要度模型多用于时间管理。

在人们的日常工作中，很多时候往往有机会去很好地计划和完成一件事，但常常却因没有及时去做，随着时间的推移，造成工作质量的下降。因此，这就需要我们提前安排时间和精力，预防这种情况的发生。

时间紧急重要度模型能帮助我们将工作任务按四个维度进行区分，并合理安排时间执行。

紧急 × 不重要	重要 × 紧急
授权，让别人去做 能不做就不做，或安排别人做	马上做，设法减少它 多因重要不紧急的事情拖延而成
不重要 × 不紧急 尽量少做 多为琐碎的、没价值的事务工作	**重要 × 不紧急** 尽可能将时间花在这里 分解任务、制定计划、按部就班

用这个模型，你还可以通过审视不同象限的工作量，来分析一下你自身的职场价值。比如：

紧急 × 不重要	重要 × 紧急
忙人（职场骨干） 能力越强，事情越多	压力人（职场新手） 什么都不懂，样样压力大
不重要 × 不紧急 懒人（职场老油条） 避重就轻，假装很忙碌	**重要 × 不紧急** 闲人（职场高手） 举重若轻，关注核心目标

你可以试着分析一下自身的情况，看一下自己属于哪种类型的职场人。

能力矩阵模型

能力矩阵模型多用于企业人才管理和盘点。传统的能力矩阵模型是以工作能力（Skill）和工作意愿（Will）作为衡量的维度。

Skill \ Will	低	高
高	**人才** 工作能力高但工作意愿低 多为中坚骨干 需要激发积极性	**人财** 工作意愿高且工作能力高 多为核心骨干 需要适当授权
低	**人在** 工作能力低且工作意愿低 多为跟不上发展的老员工 需要发布命令或退出团队	**人材** 工作意愿强但工作能力低 多为新入职场人员 需要进行指导

当然，企业的文化不一样，对此模型也会做出调整，比如有些企业特别重视人的品德，认为德才兼备才是真正的人才。

品德 \ 才能	无	有
有	**次品** 有德无才 加强培养和赋予挑战的任务	**正品** 德才兼备 充分授权和激励，资源倾斜
无	**废品** 无才无德 尽快清理出团队	**毒品** 有才无德 用制度管控，消除机会风险

矩阵模型的可能性

看完上面的几个常用的商业陈述逻辑，你会发现 SWOT 矩阵、时间紧急重要度模型、能力矩阵均借用了象限的两个维度来分解和分析。

这给了我们更多可能性，即我们替换和优化矩阵的维度。

1）替换矩阵的两个维度

我们可以将矩阵的两个维度替换成“成长”和“目标”，用来梳理哪些事情与我们的目标契合又能带来大程度的成长，我们应专注于此。

成长帮助高 × 目标关联低 价值中等，闲余时间做 自我成长，为未来做准备	成长帮助高 × 目标关联高 价值高，规划时间做 投入精力，做到最好
成长帮助低 × 目标关联低 价值低，尽量少做 作为压力释放、闲时娱乐时间	成长帮助低 × 目标关联高 价值中等，固定时间做 维持状态或逐步减少时间投入

比如，下方是一位职场新人的自我剖析：

成长帮助高 × 目标关联低 学习PPT、阅读、提升写作 （闲余时间做）	成长帮助高 × 目标关联高 参与项目、撰写方案、组织活动 （投入时间精力做）
成长帮助低 × 目标关联低 朋友聚会、刷微博、刷网页 （少做，必要的缓解压力时做）	成长帮助低 × 目标关联高 陪伴家人、工作周报 （固定时间做）

思考下，如果把两个维度替换成“个人能力”和“职场能力必要度”，是不是可以结合个人能力优势，梳理出哪些对职场发展有利的能力呢？

矩阵思维不局限于二乘二的象限，你可以进一步精细化，把矩阵变成三乘三，甚至 *N* 乘 *N* 的矩阵模型。比如上方提到的案例，可以进一步拆解：

	目标关联低	目标关联中	目标关联高
成长帮助高	学习PPT 提升写作能力	阅读	参与项目 撰写方案 组织活动
成长帮助中		聚会(知识交流) 刷微博(碎片化学习) 刷网页(碎片化学习)	
成长帮助低	朋友聚会(休闲) 刷微博(休闲) 刷网页(休闲)		陪伴家人 工作周报

你甚至可以用可视化的方式让内容更加直观，比如用气泡的大小和颜色来表示，如下：

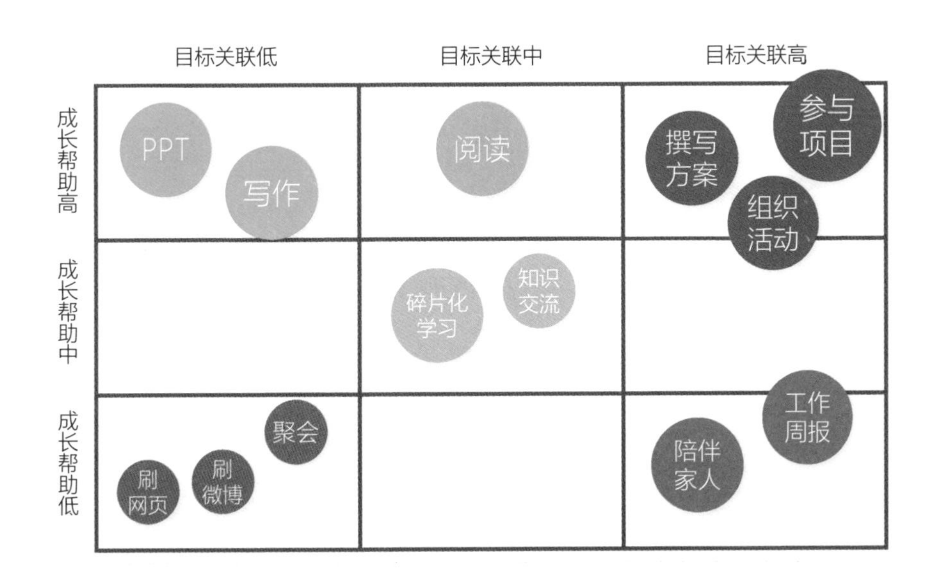

第 05 章

用数据关系视觉化呈现逻辑

扫码看视频

相对内容结构的逻辑化，实现材料的关系逻辑化表达相对简单。

第一，读懂材料，我们要了解材料间的关系，这些关系是有共性的；

第二，选择合适的关系图表或数据图表来表达关系，这个我们总结了一些，看完可以直接使用。

让你的材料关系逻辑化表达

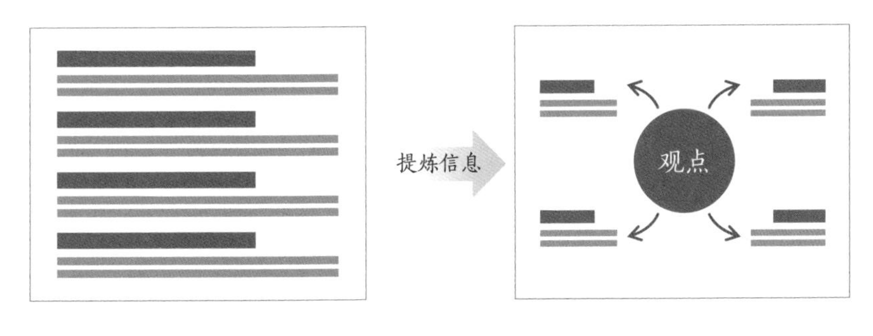

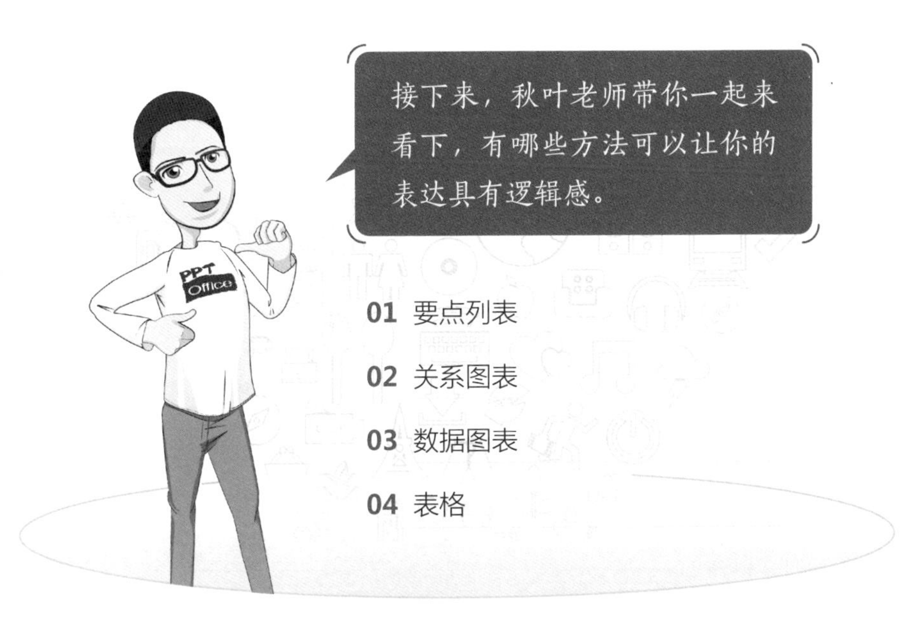

逻辑化的表达方式有几种，我们在第 3 章 PPT 最佳实践流程有所提及。

信息呈现思路	具体操作	
列表化	• 将核心观点用项目编号列表展示	文不如字
图表化	• 用表格表达材料关系 • 用关系图表达材料关系 • 用数据图表表达数据关系	字不如表

接下来逐一介绍。

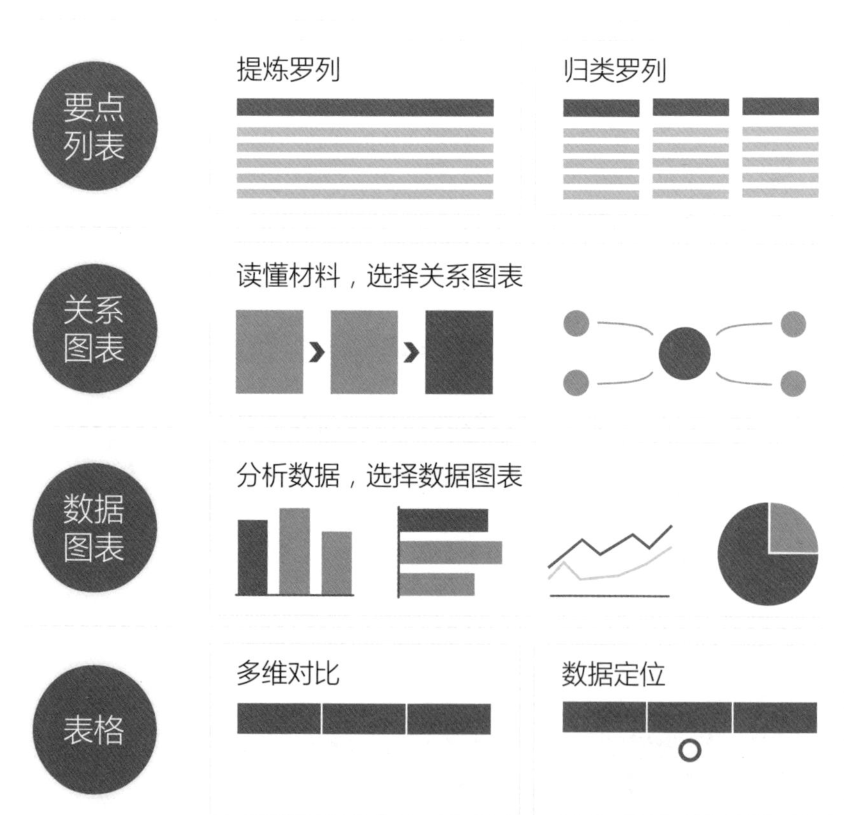

1 要点列表

要点列表化是指在提炼信息后，将要点通过项目符号逐一罗列的方法，这是 PPT 最常用的材料逻辑化方法。

要注意的是，罗列的要点超过 7 个时，观众容易出现记忆困难。因此最好归类整理成不超过 3 个点，这样有助于观众更好地理解。

要点列表化的核心是信息分段、标题提炼。我们用一个例子来讲解下要点列表化需要注意的事项。

示例：完成公司三废的合规性处置处理，签订相关处置与安全合同，从环保局等途径寻找3家及以上询比价单位进行询比价，并仔细做好前期第三方单位的资质核查。根据区域下发的环保管理评估标准，逐条对照，完成工厂自查，出具自查报告，下年计划从环保档案管理、污水源头管理、污水站管理、固废管理、危废管理等五个维度对工厂进行全方位的定期检查。重点关注冬季厌氧VFA偏高，碱度偏低，厌氧罐酸化现象，污水排放口以及污水在线监控房指标数据，提高厌氧去除率。

第一步：给文字分段，并添加行距（建议 1.3 ~ 1.5 倍）和段距（建议 6 ~ 12 磅），这样可以让你容易判断每段要表达的意思。

完成公司三废的合规性处置处理，签订相关处置与安全合同，从环保局等途径寻找3家及以上询比价单位进行询比价，并仔细做好前期第三方单位的资质核查。

根据区域下发的环保管理评估标准，逐条对照，完成工厂自查，出具自查报告，下年计划从环保档案管理、污水源头管理、污水站管理、固废管理、危废管理等五个维度对工厂进行全方位的定期检查。

重点关注冬季厌氧VFA偏高，碱度偏低，厌氧罐酸化现象，污水排放口以及污水在线监控房指标数据，提高厌氧去除率。

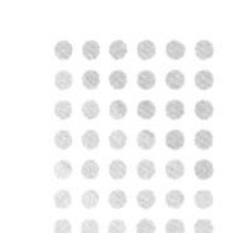

第二步：提炼小标题，删除水分内容。为每一段提炼中心思想，假如多段表达的是一个中心思想，可以合并。另外，删除累赘的水分内容。

1）签订三废处理合同

寻找3家及以上单位进行询比价，并做好第三方单位资质核查。

2）完成工厂自检及报告

计划从环保档案管理、污水源头管理、污水站管理、固废管理、危废管理五个维度进行全方位定期检查。

3）关注监控数据指标

重点关注冬季厌氧VFA偏高，碱度偏低，厌氧罐酸化现象，污水排放口及污水在线监控房指标数据。

第三步：提炼页面观点。如金字塔原理所说，要结论先行，这样才能高效传递你的观点。

环保管理问题的三大解决思路

1）签订三废处理合同

寻找3家及以上单位进行询比价，并做好第三方单位资质核查。

2）完成工厂自检及报告

计划从环保档案管理、污水源头管理、污水站管理、固废管理、危废管理五个维度进行全方位定期检查。

3）关注监控数据指标

重点关注冬季厌氧VFA偏高，碱度偏低，厌氧罐酸化现象，污水排放口及污水在线监控房指标数据。

也许你会说逻辑是清晰了，但是看起来有点丑。怎么办？没关系，下面教你一种快速美化 PPT 的方法。

见效快！四步让你的 PPT 变身高富帅！

四步法是我们开发的课程《和秋叶一起学 PPT》独创的 PPT 优化方法。我们简单介绍一下段落改造四步法的应用。

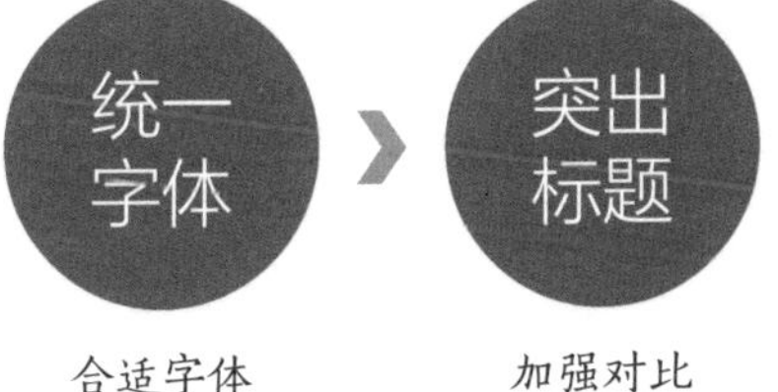

以上文提到的案例，我们来看下秋叶四步法的美化过程。

环保管理问题的三大解决思路

1）签订三废处理合同

寻找3家及以上单位进行询比价，并做好第三方单位资质核查。

2）完成工厂自检及报告

计划从环保档案管理、污水源头管理、污水站管理、固废管理、危废管理五个维度进行全方位定期检查。

3)关注监控数据指标

重点关注冬季厌氧VFA偏高，碱度偏低，厌氧罐酸化现象，污水排放口及污水在线监控房指标数据。

统一字体：汇报的场合，方正严肃的字体更合适，这里把字体全部换为微软雅黑。

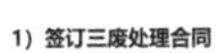

环保管理问题的三大解决思路

1）签订三废处理合同

寻找3家及以上单位进行询比价，并做好第三方单位资质核查。

2）完成工厂自检及报告

计划从环保档案管理、污水源头管理、污水站管理、固废管理、危废管理五个维度进行全方位定期检查。

3)关注监控数据指标

重点关注冬季厌氧VFA偏高，碱度偏低，厌氧罐酸化现象，污水排放口及污水在线监控房指标数据。

突出标题：对页面观点和小标题做差异对比，突出重点，这里将微软雅黑字体加粗。

环保管理问题的三大解决思路

1）签订三废处理合同

寻找3家及以上单位进行询比价，并做好第三方单位资质核查。

2）完成工厂自检及报告

计划从环保档案管理、污水源头管理、污水站管理、固废管理、危废管理五个维度进行全方位定期检查。

3)关注监控数据指标

重点关注冬季厌氧VFA偏高，碱度偏低，厌氧罐酸化现象，污水排放口及污水在线监控房指标数据。

巧取颜色：使用取色器取统一的配色，原则上要与LOGO颜色一致。

环保管理问题的三大解决思路

1）签订三废处理合同

寻找3家及以上单位进行询比价，并做好第三方单位资质核查。

2）完成工厂自检及报告

计划从环保档案管理、污水源头管理、污水站管理、固废管理、危废管理五个维度进行全方位定期检查。

3)关注监控数据指标

重点关注冬季厌氧VFA偏高，碱度偏低，厌氧罐酸化现象，污水排放口及污水在线监控房指标数据。

快速配图：用上图片素材，使用合适的排版让页面图文并茂。

2 关系图表

要点列表转化为关系图表的方法

要点列表化是我们在做 PPT 时最常用的方式。

但是，做到列表化还不够，因为它毕竟还是以文字为主，我们最好能够将其转化成关系图表，这样观众爱看，也容易看懂。

把素材变成关系图表的步骤

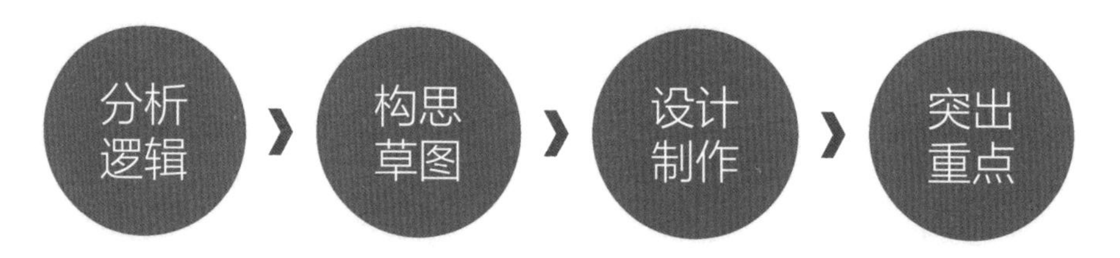

1. **分析逻辑**：分析材料是否存在逻辑关系，思考哪种关系表达方式更有效，能让读者快速理解你的意图。
2. **构思草图**：将材料可能存在的关系，用草图勾勒出来。
3. **设计制作**：使用PPT的形状、线条制作出你的关系图表。
4. **突出重点**：检查关系图表是否重点突出，是否需要使用不同颜色、字体等突出你的重点。

如何分析逻辑？

我们在第 2 章“视觉呈现三步法”中提到：

首先是要读懂你的文章，发现材料存在的底层逻辑，挖掘真正能支撑你观点的数据和信息；其次是要提炼观点，起码要做到列表化，这样你才能清晰地看到每个要点间是否存在逻辑关系。

如何设计制作？

接下来给大家介绍一种方法（与其说是方法，不如说是思路）。

回顾一下你看过的 PPT，你会发现你觉得不错的 PPT，几乎都使用了形状和线条来组合构成图表。这给我们带来启发：用面和线，我们几乎可以勾勒出材料的所有逻辑关系。

结合排版四大原则，我们提炼出了用面和线构建关系图表的方法。

面：建立关系

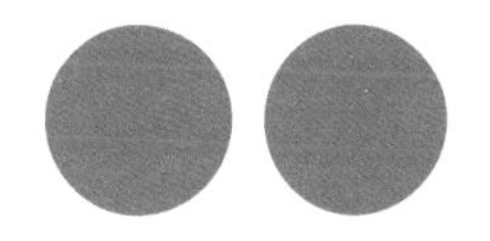

相离

表示不相关、独立的关系

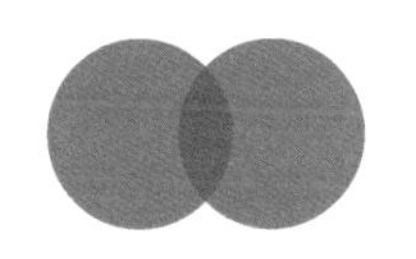

相交

表示关联、交叉的关系

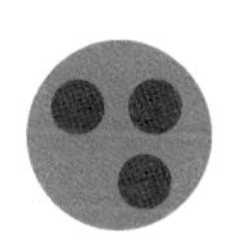

包含

表示多层包含的关系

- 面的形状是可以改变的，比如三角形、矩形。
- 面可以是隐藏的，只要你的排版足够整齐。

线：链接关系

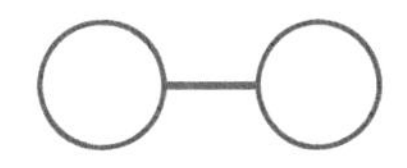

连接

连接多个独立的面，表示关联

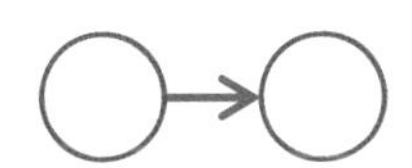

指向

从1指向2，表达前后顺序关系

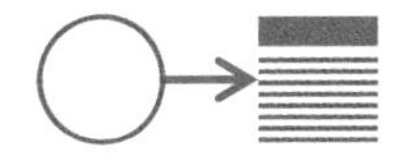

延伸

突出关键，弱化说明的信息

- 线的形式是可以改变的，比如曲线或有指向的形状。
- 线可以是隐藏的，只要独立的面足够亲密。

接下来我们逐一用案例来讲解如何用面和线来建立关系图表。

把信息放入面中，用面建立关系

相离的面多用于表达并列的关系

Office三剑客

Microsoft Office PowerPoint

是微软公司的演示文稿软件。用户可以在投影仪或者计算机上进行演示，也可以将演示文稿打印出来，制作成胶片，以便应用到更广泛的领域中。如在互联网上召开面对面会议、远程会议或在网上给观众展示演示文稿。

Microsoft Office Word

是微软公司的一个文字处理器应用程序。Word给用户提供了用于创建专业而优雅的文档工具，帮助用户节省时间，并得到优雅美观的结果。一直以来，Microsoft Office Word 都是最流行的文字处理程序。

Microsoft Excel

是微软公司的办公软件Microsoft office的组件之一。Excel 是微软办公套装软件的一个重要的组成部分，它可以进行各种数据的处理、统计分析和辅助决策操作，广泛地应用于管理、统计财经、金融等众多领域。

列表化排版整齐，本身存在隐藏的相离的几个面

Office三剑客

Microsoft Office PowerPoint

是微软公司的演示文稿软件。用户可以在投影仪或者计算机上进行演示，也可以将演示文稿打印出来，制作成胶片，以便应用到更广泛的领域中。如在互联网上召开面对面会议、远程会议或在网上给观众展示演示文稿。

Microsoft Office Word

是微软公司的一个文字处理器应用程序。Word给用户提供了用于创建专业而优雅的文档工具，帮助用户节省时间，并得到优雅美观的结果。一直以来，Microsoft Office Word 都是最流行的文字处理程序。

Microsoft Excel

是微软公司的办公软件Microsoft office的组件之一。Excel 是微软办公套装软件的一个重要的组成部分，它可以进行各种数据的处理、统计分析和辅助决策操作，广泛地应用于管理、统计财经、金融等众多领域。

将面显性化后，并列的关系更加明显，页面也更加规整

Office三剑客

Microsoft Office PowerPoint

是微软公司的演示文稿软件。用户可以在投影仪或者计算机上进行演示，也可以将演示文稿打印出来，制作成胶片，以便应用到更广泛的领域中。如在互联网上召开面对面会议、远程会议或在网上给观众展示演示文稿。

Microsoft Office Word

是微软公司的一个文字处理器应用程序。Word给用户提供了用于创建专业而优雅的文档工具，帮助用户节省时间，并得到优雅美观的结果。一直以来，Microsoft Office Word 都是最流行的文字处理程序。

Microsoft Office Excel

是微软公司的办公软件Microsoft office的组件之一。Excel 是微软办公套装软件的一个重要的组成部分，它可以进行各种数据的处理、统计分析和辅助决策操作，广泛地应用于管理、统计财经、金融等众多领域。

改变面的排版，可以得到新的排版形式，比如纵向排版

Office三剑客

Microsoft Office PowerPoint

是微软公司的演示文稿软件。用户可以在投影仪或者计算机上进行演示，也可以将演示文稿打印出来，制作成胶片，以便应用到更广泛的领域中。如在互联网上召开面对面会议、远程会议或在网上给观众展示演示文稿。

Microsoft Office Word

是微软公司的一个文字处理器应用程序。Word给用户提供了用于创建专业而优雅的文档工具，帮助用户节省时间，并得到优雅美观的结果。一直以来，Microsoft Office Word 都是最流行的文字处理程序。

Microsoft Office Excel

是微软公司的办公软件Microsoft office的组件之一。Excel 是微软办公套装软件的一个重要的组成部分，它可以进行各种数据的处理、统计分析和辅助决策操作，广泛地应用于管理、统计财经、金融等众多领域。

改变面的形状，又可以得到新的排版形式

相交的面多用于关联的关系

Office三剑客

PPT、Word、Excel三者是可以互通，几乎在单一的软件中，都可以使用其他两个软件存在的功能。

你可以通过在专业化的软件中制作，再放到另一个软件中。比如将Excel的表格放到PPT或Word里面。

三个相交的面表达三者相关

Office三剑客

PPT、Word、Excel三者是可以互通，几乎在单一的软件中，都可以使用其他两个软件存在的功能。

你可以通过在专业化的软件中制作，再放到另一个软件中。比如将Excel的表格放到PPT或Word里面。

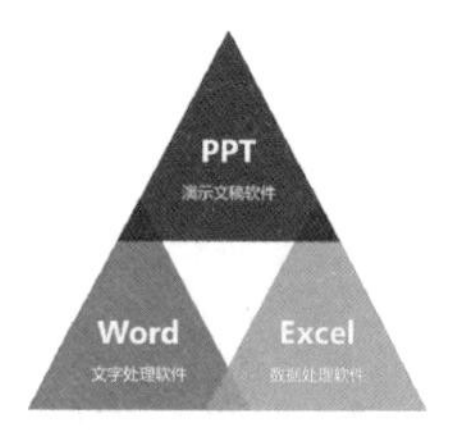

两两相交的面表达两两相关

包含的面多用于表达多层逻辑关系

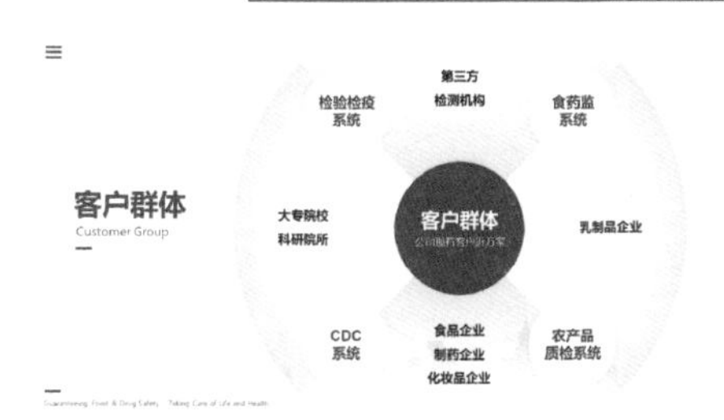

用大面包括了多个小面，中间又表达了交叉的关系

几个面相关联，其中一个面又包含了循环关系

用线的连接和指向来链接关系

用线的连接和指向链接关系

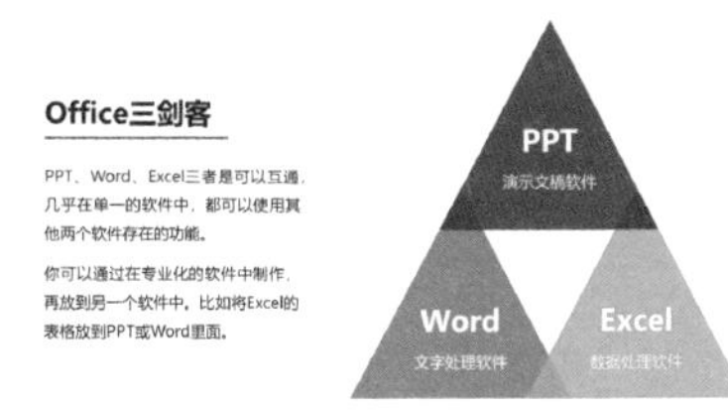

Office三剑客

PPT、Word、Excel三者是可以互通，几乎在单一的软件中，都可以使用其他两个软件存在的功能。

你可以通过在专业化的软件中制作，再放到另一个软件中，比如将Excel的表格放到PPT或Word里面。

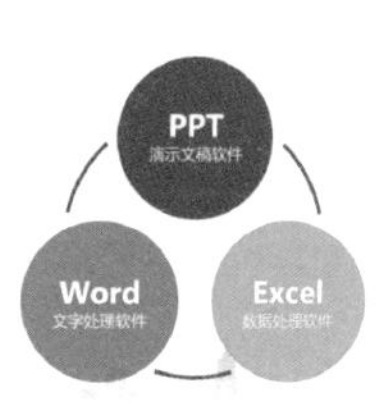

上方两个关系图表，右边用线连接可以表达与左边相同的逻辑关系

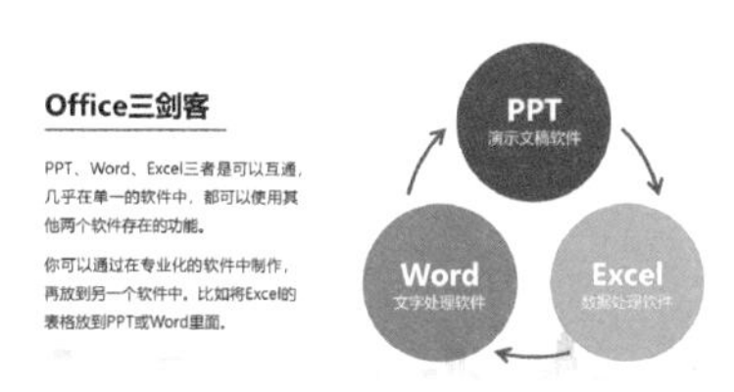

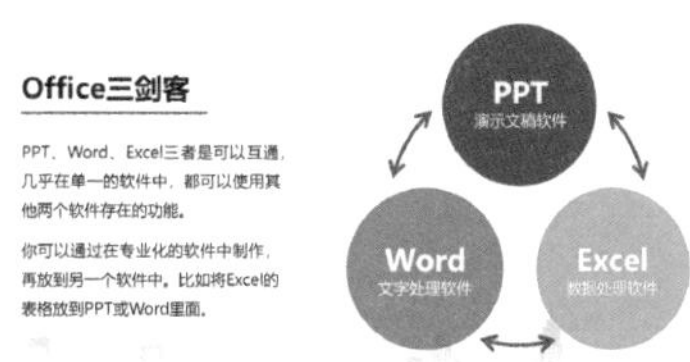

添加单箭头可以表达出顺序关系或循环关系

添加双箭头可以表达双向互通或两者强相关的关系

用线的延伸突出重点

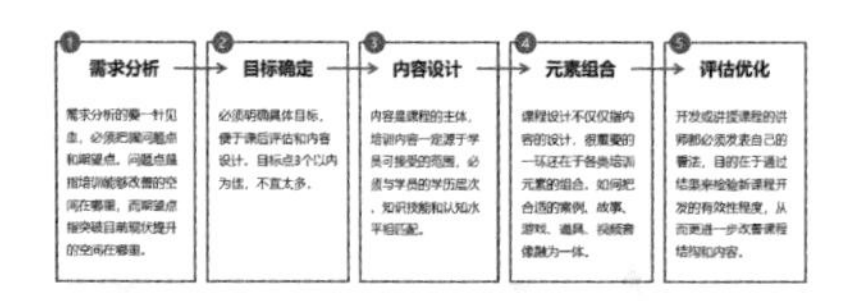

这是正常的表达形式，用整个面包裹内容，来表达流程

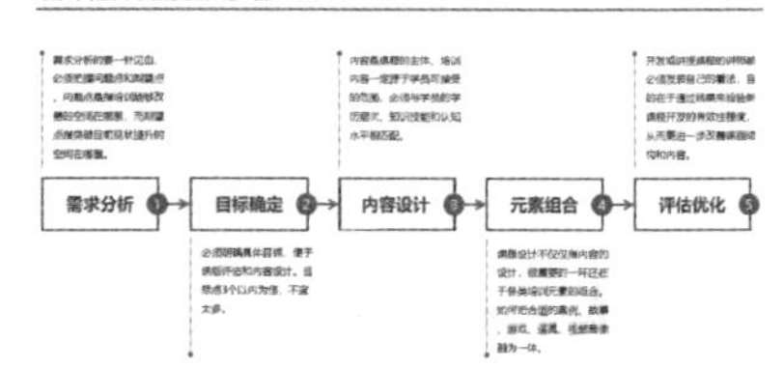

为了突出关键词，可将说明的文字拉出来，用线条延伸弱化

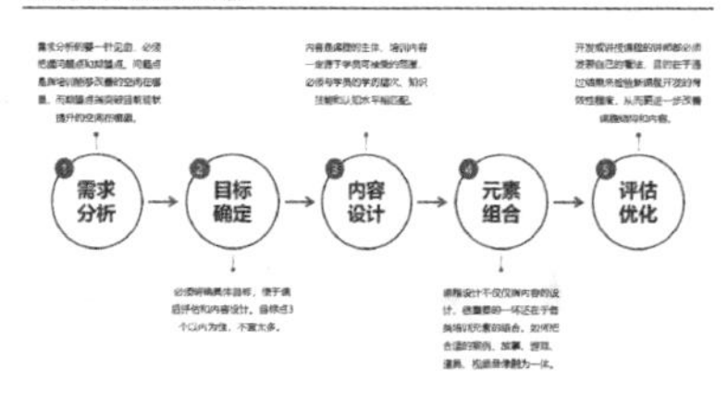

当然，可以修改面（比如圆形），让页面更好看

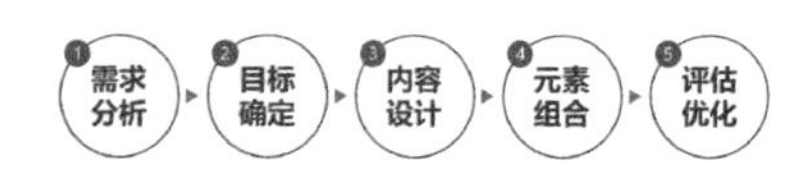

如果是演讲型PPT，还可以将说明性的文字删掉

如何使用这个方法？我们用下方这个案例来说明。

新课程开发的五大步骤

1. 需求分析
需求分析的要一针见血，必须把握问题点和期望点。问题点是指培训能够改善的空间在哪里，而期望点指突破目前现状提升的空间在哪。

2. 目标确定
必须明确具体目标，便于课后评估和内容设计。目标点3个以内为佳，不宜太多。

3. 内容设计
内容是课程的主体，培训内容一定源于学员可接受的范围，必须与学员的学历层次、知识技能和认知水平相匹配。

4. 元素组合
课程设计不仅仅指内容的设计，很重要的一环还在于各类培训元素的组合。如何把合适的案例、故事、游戏、道具、视频音像融为一体。

5. 评估优化
开发或讲授课程的讲师都必须发表自己的看法，目的在于通过结果来检验新课程开发的有效性程度，从而更进一步改善课程结构和内容。

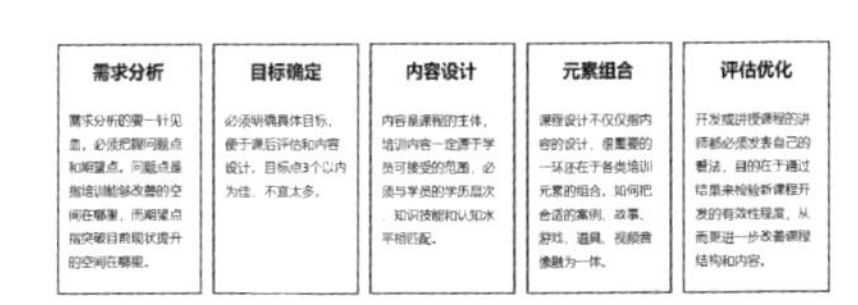

第一步：分析逻辑，用面表达

- 读懂材料，可以知道这个是步骤，每个步骤独立；
- 用相离的面表示并列关系。

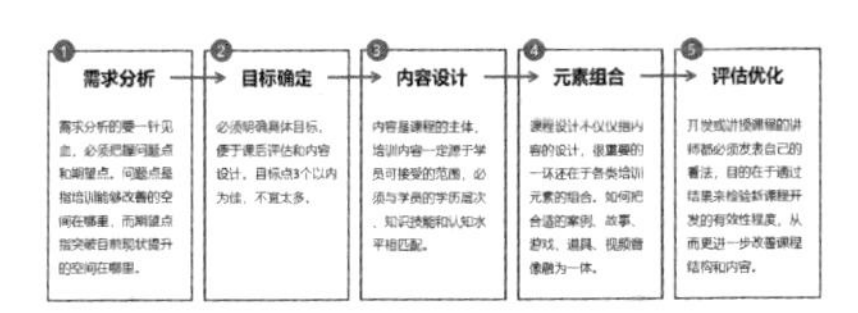

第二步：用线链接关系

- 使用线的指向构建顺序的关系，这样变得有序；
- 添加序号可以加强顺序感。

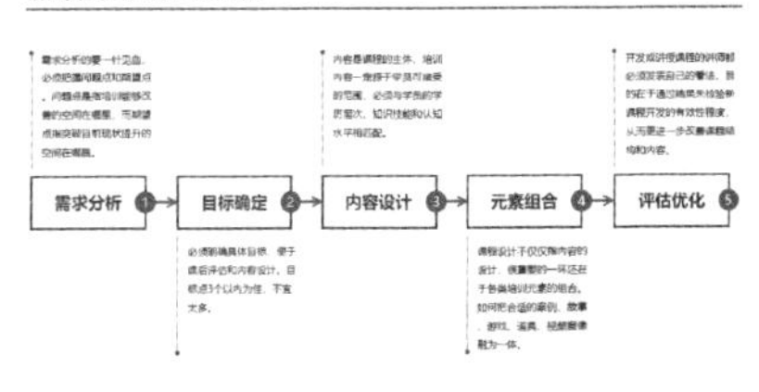

第三步：突出关键

面包含的内容太多，可以只包含关键词，把补充性的内容用线的延伸标注。

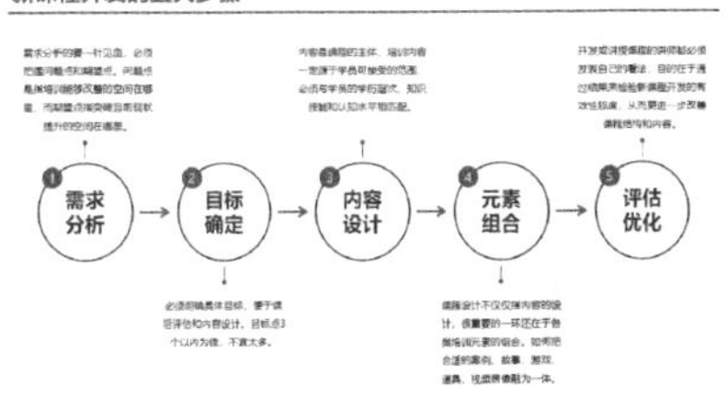

延伸：改变面和线的形式

可以改变面的形状和线的指向形式，这样页面会更美观。

延伸：换种PPT类型

可以删除所有补充性内容，变成信息量少的演讲型*PPT*。这样可以更好地美化页面。

用 SmartArt 打造关系图表

还记得前文提到的“段落改造四步法”吗？当我们用“段落改造四步法”实现列表化后，可以借助 PPT 的“SmartArt 工具”一键转化成关系图表。

列表一键转化为关系图表

注意：列表通过SmartArt工具转化时，二级文本缩进很重要。

当然，假如段落是其他关系，还可以选择转化为其他类型的 SmartArt 关系图表（比如流程、循环、层次结构等），是不是非常便捷！

13 种常见的关系图表类型

当然，SmartArt 图表给我们提供的仅是参考，还有很多复杂的图表是通过形状和线条绘制出来的，这里给大家介绍一下常见的关系图表。

1）并列型

并列型其实就是列表式，主要有水平并列和垂直并列两种形式。

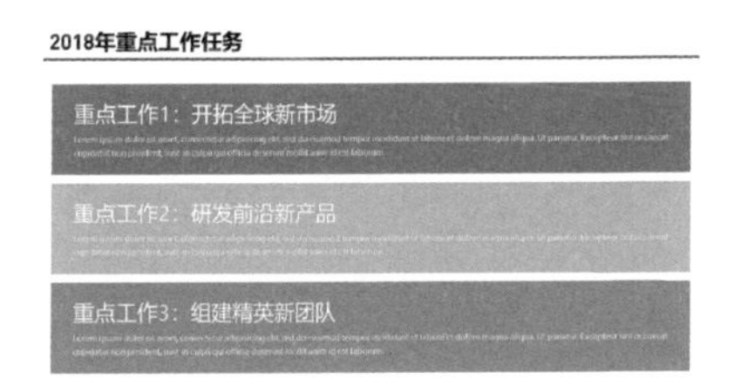

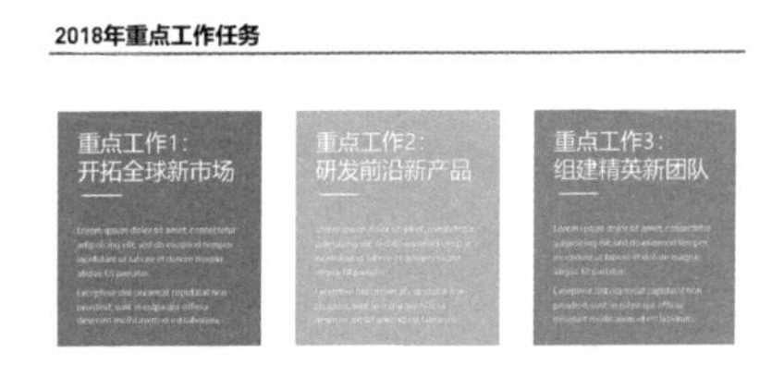

水平并列型

垂直并列型

2）递进型

递进型关系图表一般用箭头表示不同内容之间的顺序关系。

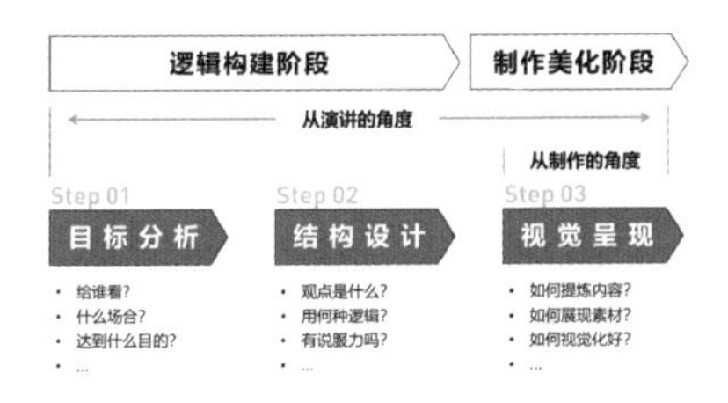

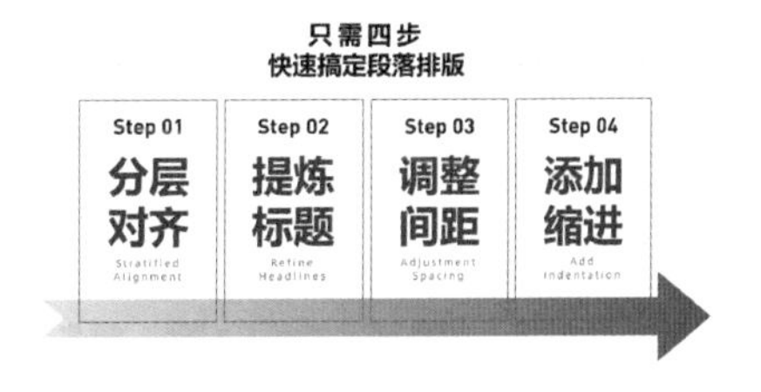

多层逻辑递进

这里使用了二次归类，上方的阶段包含了下方几个小阶段

水平递进

这是流程顺序关系常用的关系图表形式，SmartArt也自带

递进型本质上是在并列型的基础上，加了箭头指向。另外，递进型如果能首尾相连，就可以变成循环型了，下面来看一下。

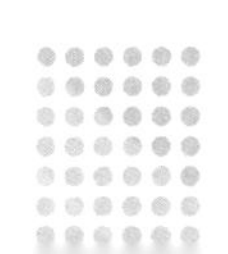

3）循环型

循环型多用于表达业务流程，下方案例均使用了 SmartArt 工具。

4）交叉型

交叉型常常用于反映交集、并集的关系，也可以表达共鸣、共振的关系。

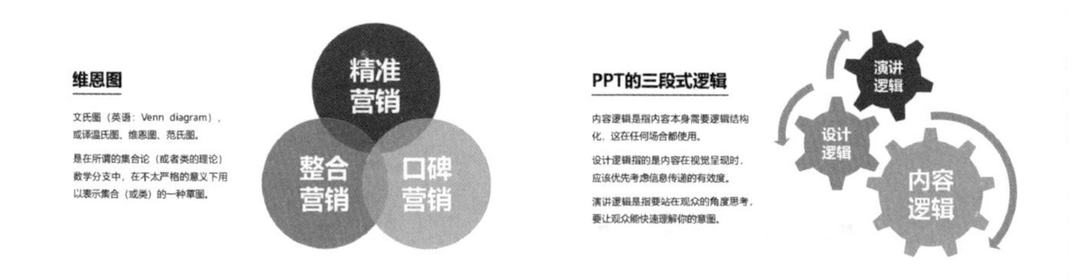

维恩图（*SmartArt*工具自带）　　紧密关联型（*SmartArt*工具自带）

5）趋势型

经营业绩、发展历程等很多关系都可以用上升图表来表达。

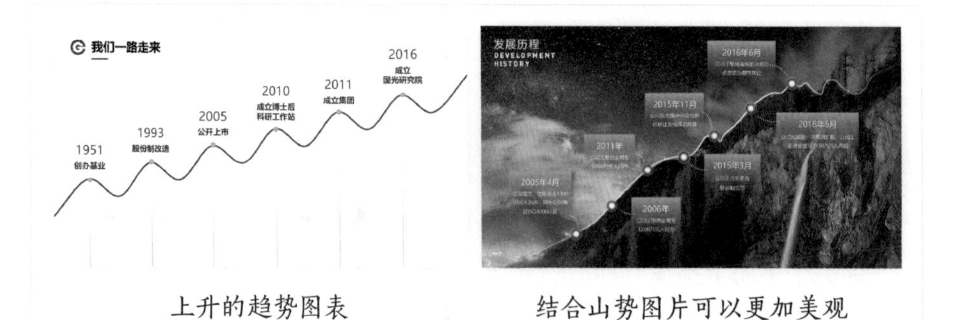

上升的趋势图表　　结合山势图片可以更加美观

6）阶梯型

阶梯型往往比较受领导喜爱，是并列型和递进型的延伸。

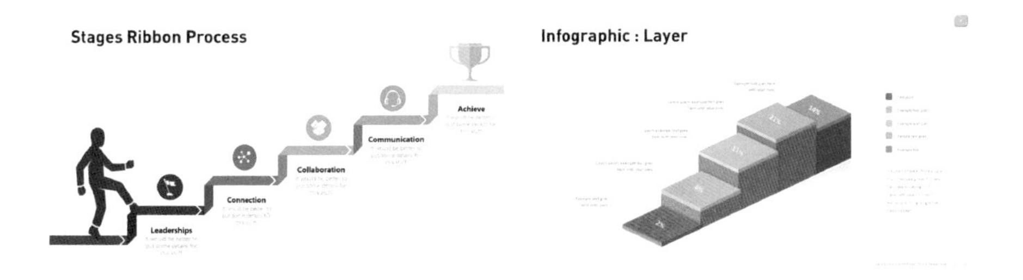

7）对比型

多用于维度对比，表格本身即是对比型，或用对冲的形状对比。

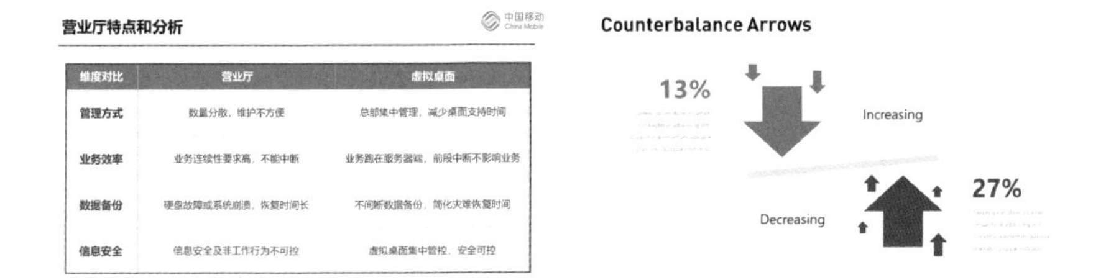
营业厅特点和分析

维度对比	营业厅	虚拟桌面
管理方式	数量分散，维护不方便	总部集中管理，减少桌面支持时间
业务效率	业务连续性要求高，不能中断	业务跑在服务器端，前段中断不影响业务
数据备份	硬盘故障或系统崩溃，恢复时间长	不间断数据备份，简化灾难恢复时间
信息安全	信息安全及非工作行为不可控	虚拟桌面集中管控，安全可控

表格本身即是对比图表　　　对冲式的形状表达对比关系

8）矩阵型

矩阵型的用途非常广泛，很多管理咨询理论都用矩阵来表达。

四象限矩阵　　　多维度矩阵（如GE矩阵）

9）总分型

总分型在 PPT 中非常常见，常用于表达一个中心延伸出多个要点。

一个中心四个分点　　一个中心六个分点

10）树状型

总分型以横向或纵向形式继续展开的话，可以变化成树状型。

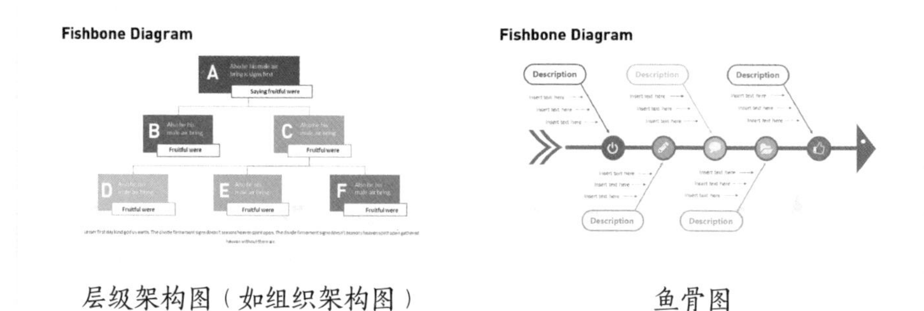

层级架构图（如组织架构图）　　鱼骨图

11）支撑型

支撑型显示比例、连接、层次推进，有明显的层级支撑关系。

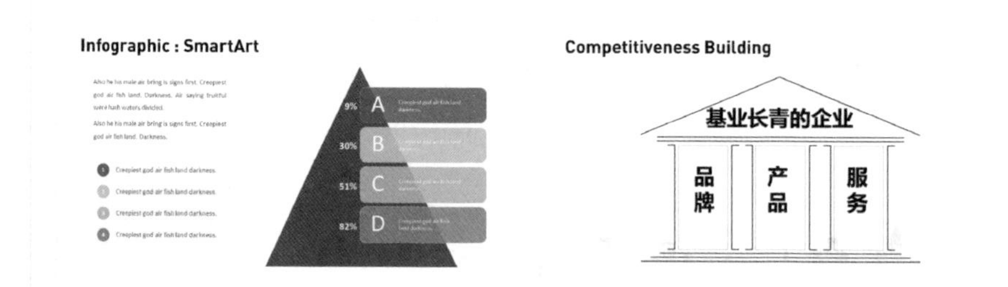

12）环绕型

环绕型是总分型的延伸，用于表达包含或可能存在的因素。

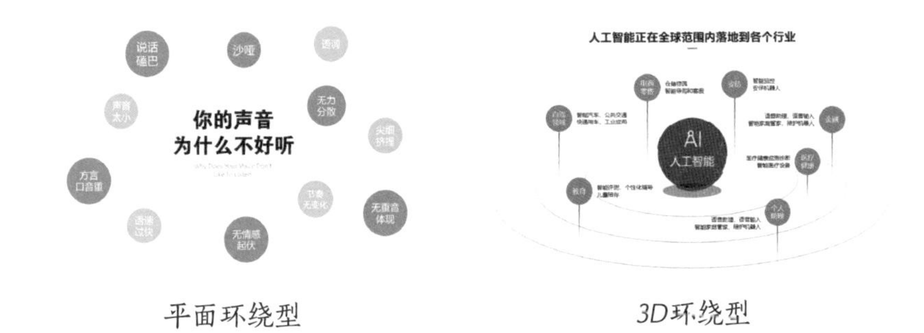

平面环绕型　　　　3D环绕型

13）公式型

公式型表达一些特定内容会非常简洁，逻辑性不言自明。

数据式的公式表达　　　　图片式的公式表达

以上 13 种关系图表类型为常用的关系图表，设计的样式因人而异，但其表达的形式都值得参考借鉴。

3 数据图表

数据图表是展示语言的一种重要形式，数据图表贵精不贵多，运用得当的数据图表比起表格来能更明快清晰地进行沟通。

当然，很多情况下表格一样具有丰富的表现力，传递丰富的信息，所以请不要迷信任一种形式，决定数据图表形式的不是数据，是你想说明的主题，你想指出的数据或内容要点，一切从服务你想表达的主题出发。

四个你不能忘记的数据图表原则

01

只在需要的时候使用图表，图表要服务于内容

02

不过多堆积图表，图表贵精不贵多

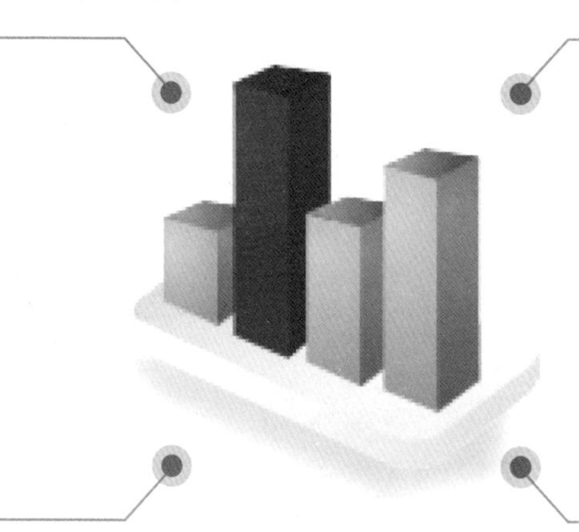

03

每张图表都表达一个明确的信息，一页PPT最好只放一个主要图表

04

图表要简洁地展示有意义的数据，有助于防止读者曲解数据

完整的数据图表是什么样的？

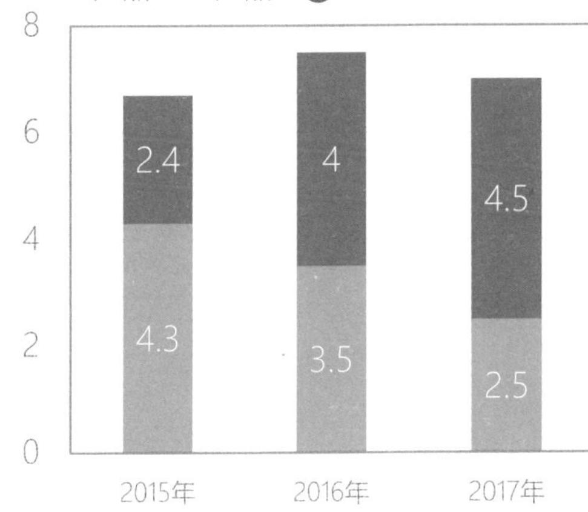

❹ *注：产品A因市场供需关系变化导致需求下降

❺ 资料来源：某某调研公司

❶ **标题**

介绍图表的主题及副标题

❷ **单位**

对数据单位的说明

❸ **图例**

对不同的阴影部分进行说明

❹ **脚注**

对图表中某一元素进行评述

❺ **数据来源**

数据可信度，用来作为参考

一份完整的图表应该包括以下内容。

1. **标题**：标题可以分成两部分，图表标题和说明标题。如图表标题：2009 年销售一览表，说明标题：2009 年比去年增长 29%。标题要体现分析的观点，即一定要有说明标题，这样才能保证图表所要传达的信息和受众理解的一致。
2. **单位**：当有具体数据的时候，一定要有单位，如果单位带有数据格式符，如百分号、千分符时，一定要显示出来。
3. **数据或资料来源**：这是商业化场合体现数据严谨性的基本要求，如果数据是自己得出来的，也要写上“XX 分析综合”之类。
4. **注释**：特别需要说明的点可以用注释，一般的注释会用“*”开头。
5. **图例**：图例不一定要有，前提是人家看得懂。

数据图表选用指南

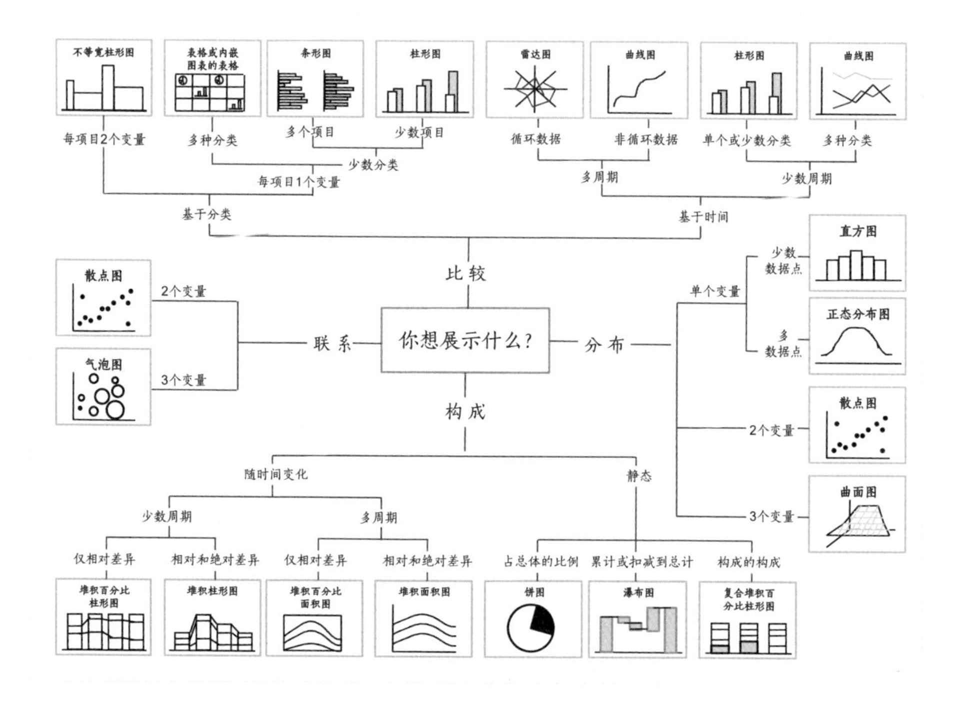

这是国外高手总结的图表关系图，由图表专业博客 ExcelPro 翻译成中文，非常清楚地说明了数据之间的逻辑关系。

一般来说，图表所要表达的无非是以下内容。

1. **比较**：可以是总体与个体，相互对比，不同时间的对比等，饼图与柱形图是最好的例子。

2. **变化**：不同时间，不同因素有什么变化，这些变化是如何的？

3. **分布**：数据是怎么分布的？比如全国销售额的地区分布……

4. **关联**：A 和 B 之间有什么相关性？或者根本是没有关系的……

5. **趋势**：未来的走向会怎样？

如何用数据图表表达你的逻辑关系？

逻辑关系	比较类型	示例
成分	各个部分占整体百分比的大小	5月，甲产品占销售总量的最大份额
排序	不同元素的排序（并列，高低）	5月，甲产品的销售超出乙产品和丙产品
时间序列	一定时间内的变化趋势	销量自1月以来稳步上升
频率分布	在渐进数列中的数量分布	5月，大多数销售集中在1000元到2000元
相关性	两种可变因素之间的关系	5月的销售业绩显示销量与销售人员的经验并没有联系

常见图表逻辑关系对应图：

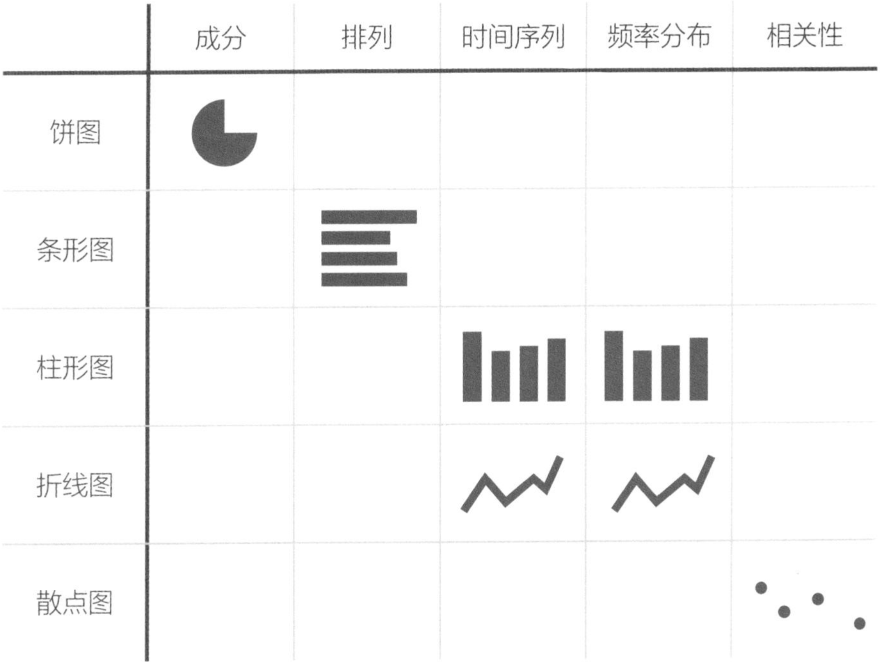

	成分	排列	时间序列	频率分布	相关性
饼图					
条形图					
柱形图					
折线图					
散点图					

1）挖掘背后数据，用数据图表表达你的观点

很多情况我们仅仅只有一个概念，希望能通过数据图表清晰地看到某个结论或问题，那么我们应该想尽办法去寻找背后的数据。

可以按这样的步骤来找你需要的数据：

- 你要表达什么样的观点？

Step 02
选 择 图 表

- 哪些数据图表可以表达？

Step 03
寻 找 数 据

- 数据图表需要什么数据？

学会寻找背后的数据

表达观点：公司销售收入自2015年以来快速增长
图表选择：表达趋势的数据图表，可以选择折线图或柱形图
所需数据：近几年的销售收入数据

表达观点：公司市场占有本行业最大的份额
图表选择：表达占比，可以选择饼图
所需数据：本行业同类公司的市场份额数据

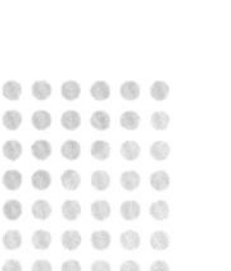

2）选择合适的图表，用数据图表分析差异点

当然，更多的情况是我们有现成的数据，可以直接按前面的步骤来选择数据图表表达。

但还有一种情况，我们希望从数据中分析和改善需优化的地方。这时，需要通过不同的数据维度来分析存在的问题。

你可以参考这样的步骤：

Step 01 **确 定 维 度**

- 你想看到哪些维度的差异?

Step 02 **分 析 数 据**

- 哪些数据存在可以分析差异?

Step 03 **图 表 呈 现**

- 哪些数据图表呈现直观?

学会选择合适的数据图表

	A公司		B公司	
	收入	占比	收入	占比
北	143	13%	546	39%
南	385	35%	84	6%
东	297	27%	378	27%
西	275	25%	392	28%

左边是A公司和B公司四个区域的销售业绩情况，假如我们希望找到改善点，可以怎么做?

分析维度：公司的区域销售组合

分析数据：从公司各区域的收入占比来分析

图表呈现：选择百分比的饼图或柱形图，可以进一步分析市场投资策略

A和B公司地区收入构成

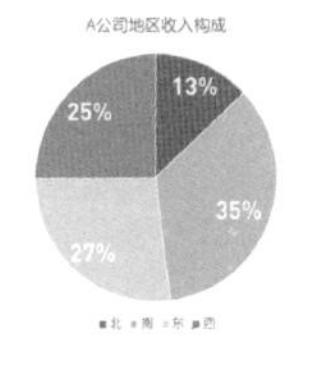

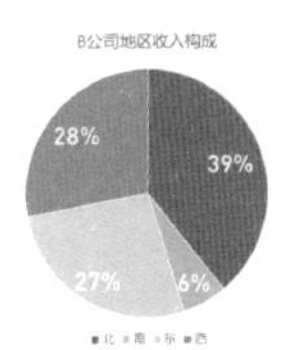

A和B公司地区收入构成

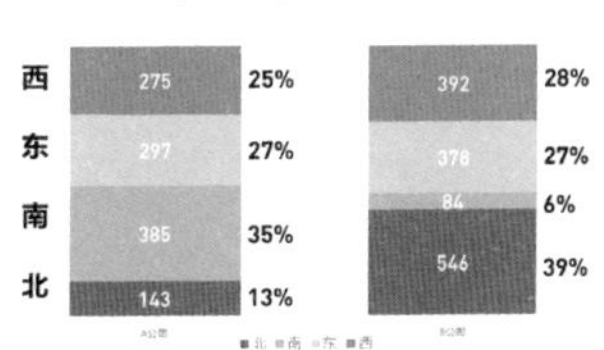

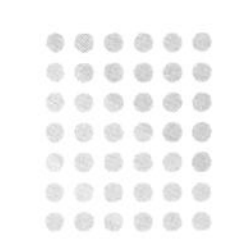

分析维度：公司各区域的销售竞争力

分析数据：从公司各区域的收入差异来分析

图表呈现：用柱形图来对比同区域收入，进而分析各自竞争力状况

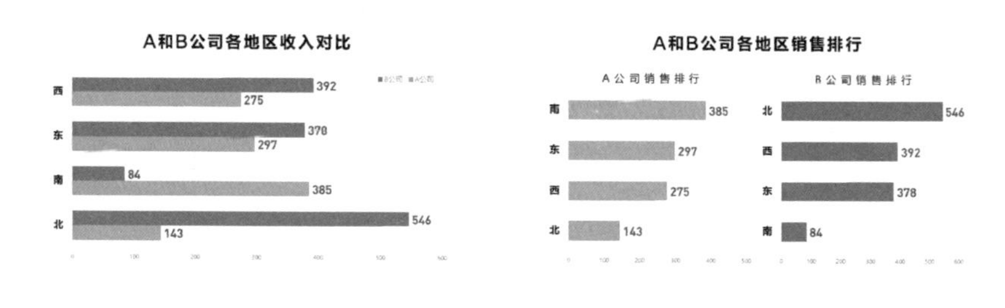

你会发现，数据是客观存在的，可以通过选择合适的数据图表来直观地看到数据呈现出来的问题和观点。

因此，你很有可能会遇到这样的情况：

在没有数据的情况下，先入为主确定了想要表达的观点，找到的数据呈现出来却与自己的观点相悖。不要着急，你可以进一步再分解你寻找的数据，看看问题出在哪里；如果数据没有问题，那么应该适当地调整你的观点，或者可以考虑直接舍弃论证不利的观点。

数据图表的核心是服务于内容，我们可以按不同的维度分析数据，找到不同维度存在的问题。反过来，如果我们希望能得到某个结果，那么应该想尽办法去找到背后的数据，进而论证。

这些图表应该这么用

1）饼图：用于显示各项的大小与各项总和的比例

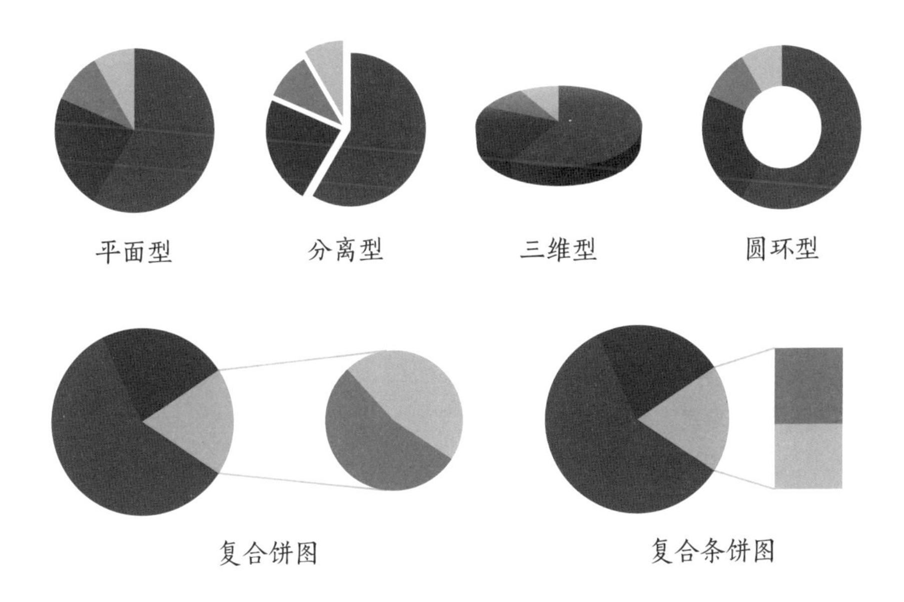

饼图的七大杀手锏

1. 各扇形的和应该是一个完整的类别。
2. 饼图分割数不要超过7块，太多会显得信息量大；如果超过7个，可以归类后考虑复合饼图。
3. 扇区要从大到小排序，从12点位置开始，并用突出的颜色。
4. 尽量不要使用图例，科目可以直接标在扇区上或旁边。
5. 突出某块扇形，可以突出颜色或用分离型饼图。
6. 不轻易使用三维饼图强调效果；如用则厚度要薄、仰角要大。
7. 小饼图可作为其他图表的支撑数据。

2）条形图 / 柱形图：条形图（柱形图）用于各种数据对比

条形图（柱形图）的几种形式

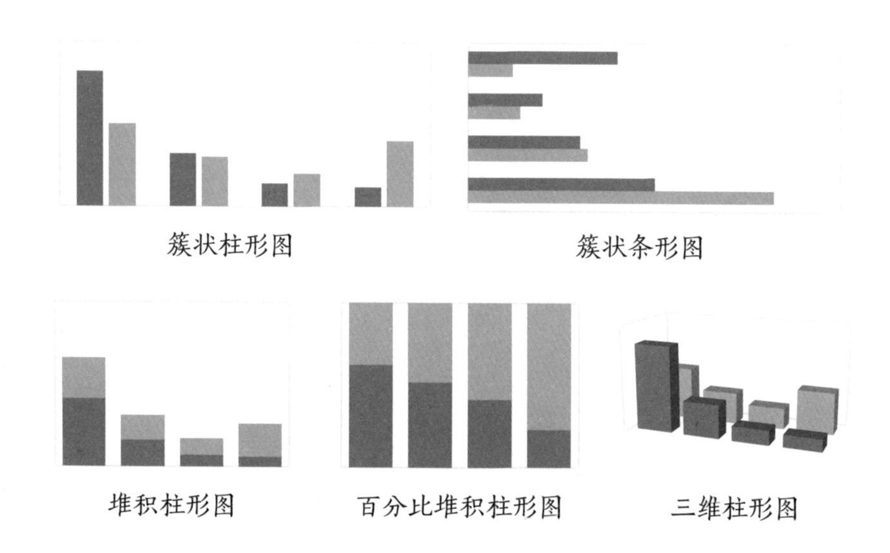

条形图（柱形图）的六大杀手锏

1. 分类标签文字过长时，使用条形图为宜。
2. 数据要从大到小排序，条形图最大的在最上面，柱形图最大的在最左边。
3. 条（柱）的宽度要大于相隔的间距。
4. 有负数时坐标轴标签放右边或图外。
5. 数据标签非常长时，可放在条（柱）的中间。
6. 簇状条（柱）形图暗色和亮色要交替使用，保证黑白打印时的可读性。

3）折线图：显示随时间而变化的连续数据，用来表达趋势

条形图（柱形图）的几种形式

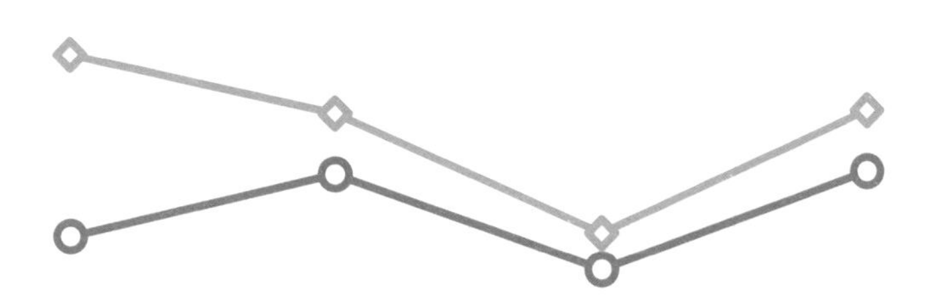

何时使用折线图

如果分类标签是文本并且代表均匀分布的数值（如月、季度或财政年度），则应该使用折线图，当有多个系列时，尤其适合使用折线图。

如果有几个均匀分布的数值标签（尤其是年），也应该使用折线图。如果拥有的数值标签多于10个，请改用散点图。

折 线 图 的 六 大 杀 手 锏

1. 在折线图中，类别数据沿水平轴均匀分布。
2. 多条折线时，强调其中需要强调的那条，用最粗线型或最深颜色。
3. 不要放太多线条，以免杂乱，必要时分开做图表。
4. 尽量不要使用图例，数据标签直接标记在折线边。
5. 每个节点可以添加标识，这样更清晰。
6. 将柱形图和折线图组合使用。

如何美化你的数据图表？

你肯定不希望看到这样的图表：特效太多、配色混乱、字体不搭等。

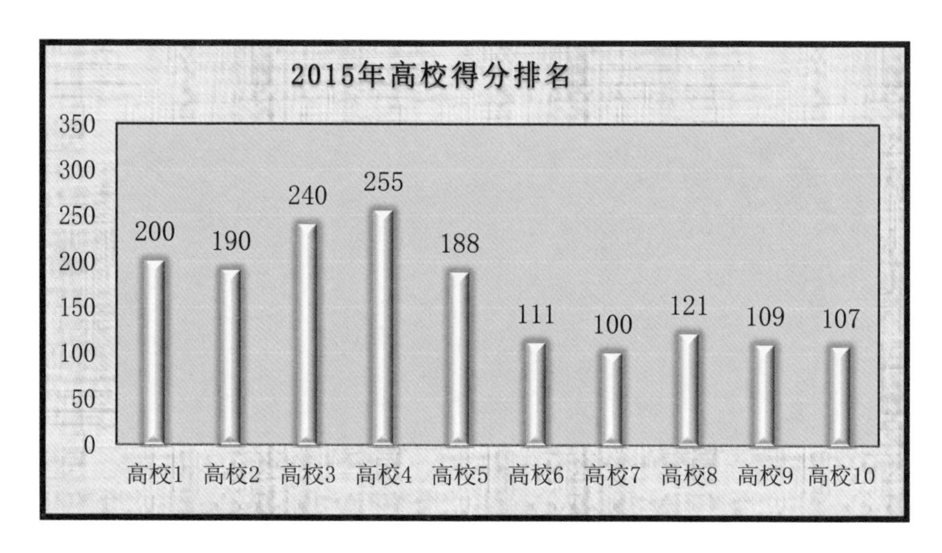

如何改造这个图表？

1）卸妆：删除一切干扰因素，回归素颜

本质上是为了删除“噪点”，提高信噪比。回归素颜的图表是这样的：

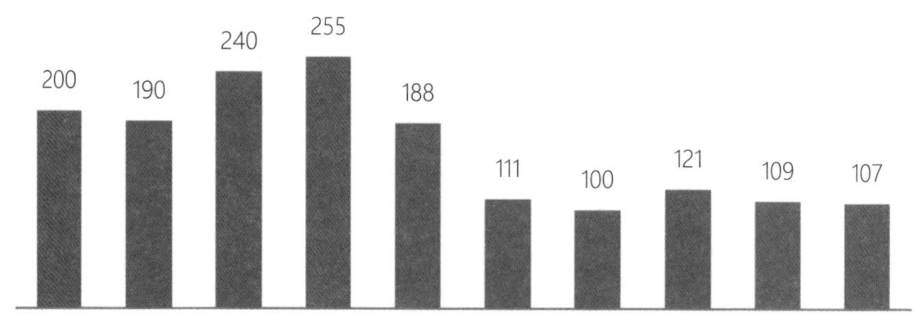

卸妆后是不是清爽了很多？视觉更加简单了，这有利于观众阅读。

2）淡妆：突出重点数据，着重上妆

突出重点才是关键，为你的重点数据添加对比效果（如颜色、字号）。

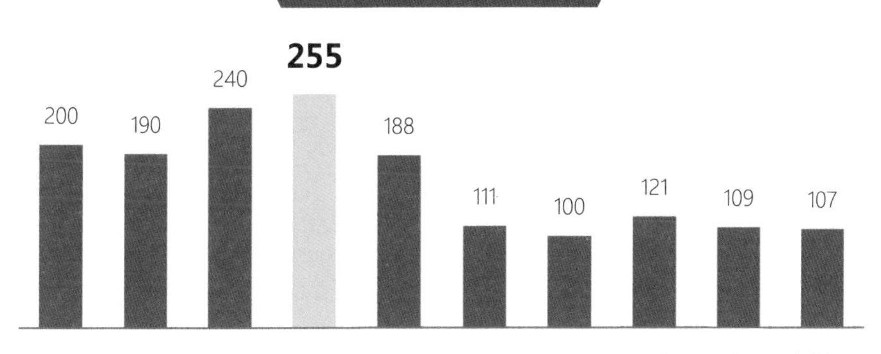

淡妆后是不是比原稿更直观了？这才是真正的数据图表！

3）美妆：复制、粘贴，玩出创意图表

可以替换柱形图的形状，做出视觉化强烈的信息图表。

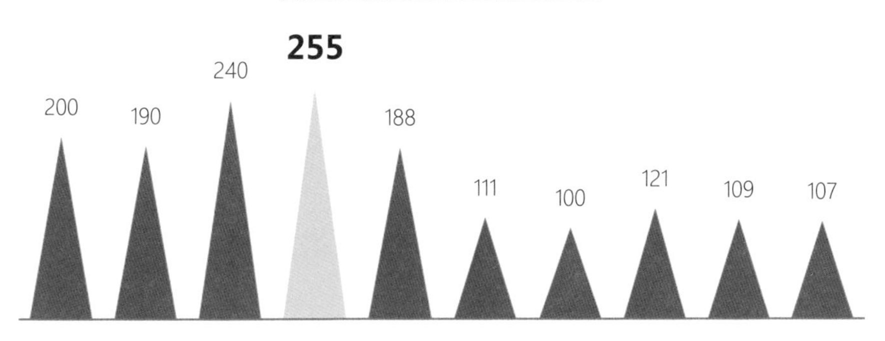

上方的表格是如何做到的？非常简单，下面来看一下。

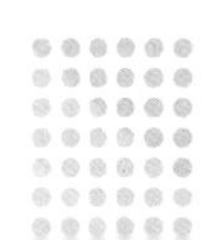

图表的创意玩法

插入一个形状▲，复制一下（Ctrl+C），选中柱形，粘贴（Ctrl+V）！

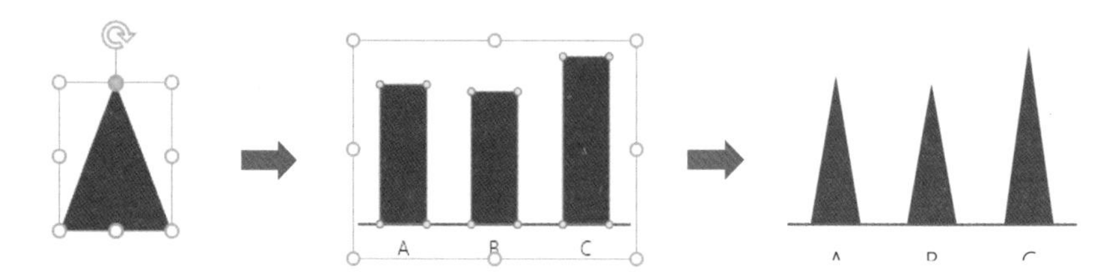

编辑数据的时候，形状也会跟着变！

	A	B
1	列2	2015年
2	A	3
3	B	10
4	C	4

注意事项

1）换颜色要先换形状▲的颜色，再一个一个复制、粘贴上去，不然你的图表会被打回原形。

2）换成其他图形，填充改为“层叠”层叠(K)，可以得到下方效果。

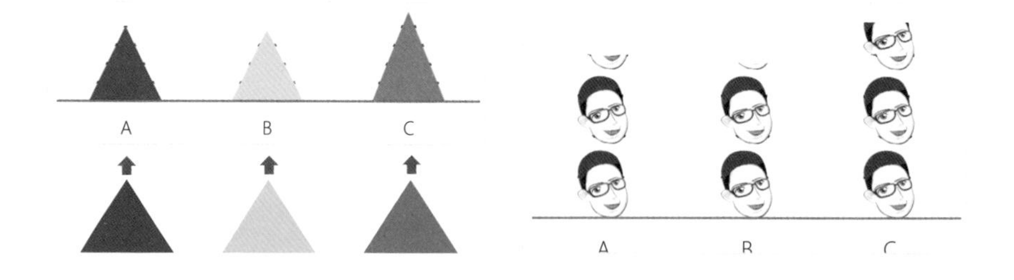

这种玩法适用于很多基础图表，我们在网易云课堂独家开发了**《和阿文一起学信息图表》**，深入讲解了如何打造创意图表。假如你有兴趣，可以购买学习。

有没有更快捷的方法？有，请用 PPT 自带的「设计」

原稿：

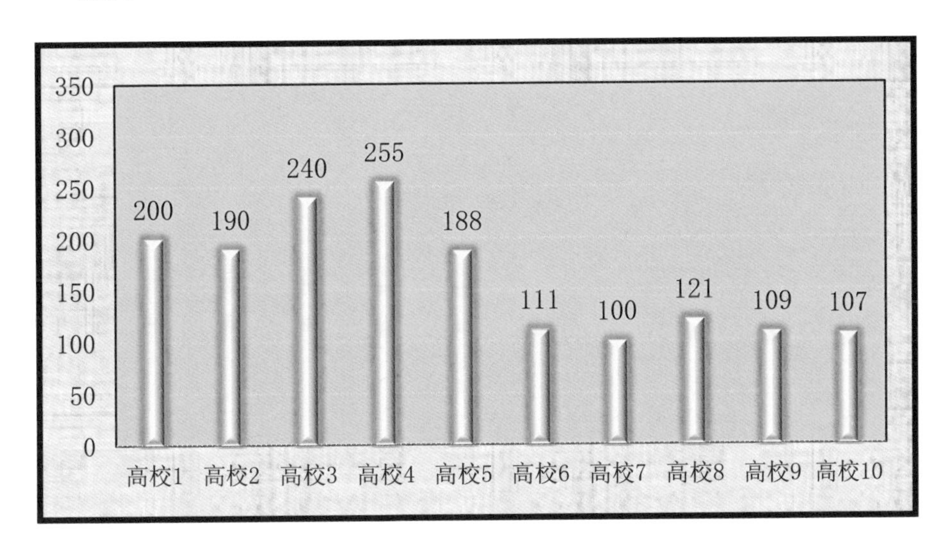

操作步骤：「选择图表」-「设计」-「图表样式」- 微调字体字号

你可以很容易地做出下方这些效果，是不是很简单！

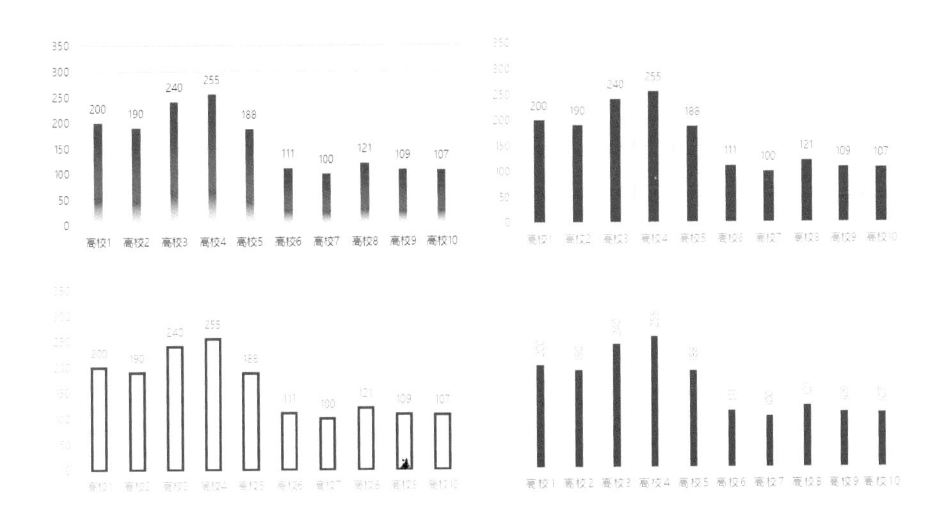

一句话：图表要服务于内容。千万不要为你的数据图表添加乱七八糟的“浓妆”，能一眼看到表达的重点数据才是好的数据图表！

数据背后的九大骗局

数据图表常用于经营分析的会议，图表在其中起到很大的作用。但大部分 PPT 中，数据分析往往只停留在将表格转化成数据图的层面，只是完成了把图表从 Excel 搬家到 PPT，还缺少真正的分析。

所谓分析不是告诉决策者数据是什么，而是要告诉别人这些数据背后揭示了什么！

如何透过表面的数据来分析更深层次的消息，来看下这个虚拟案例：

在分析之前，我先假定这家公司是一家全国性快速消费品企业，有不同的产品线，在上年度总体业绩增长已经超过了 50%。50%！这个成绩真不错，那么是否要表扬一下？且慢！

1）不要以为有增长就是好，要做同行对比！

业务一年有50%的增长的确是一个非常好的成绩，但是这代表了同行业的最高水平吗？

你可能没有马上就冲动地认可这是一个优秀的成绩，但是当你看见同行只有平均20%的增长的时候，现在你是否认为我们的业绩不错？

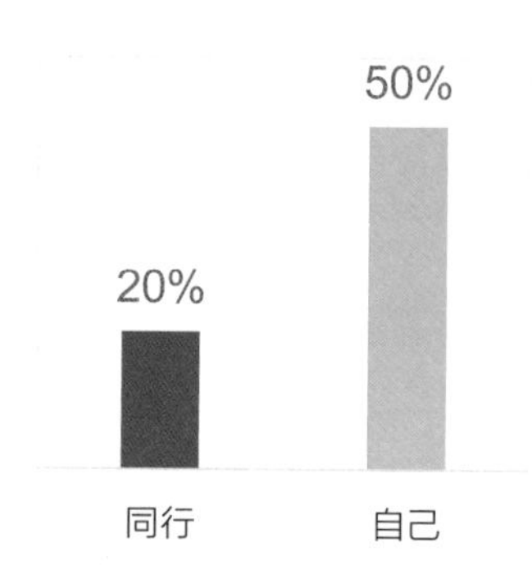

2）不要以为比同行增长快就好，要做历史同比！

也许每年的增长都超过了同行，但是历史数据显示你的增长其实一直在下滑，那么你现在是否对今年的业绩有一点担心，也许是非常好，但是似乎有一些不好的趋势，对不对？

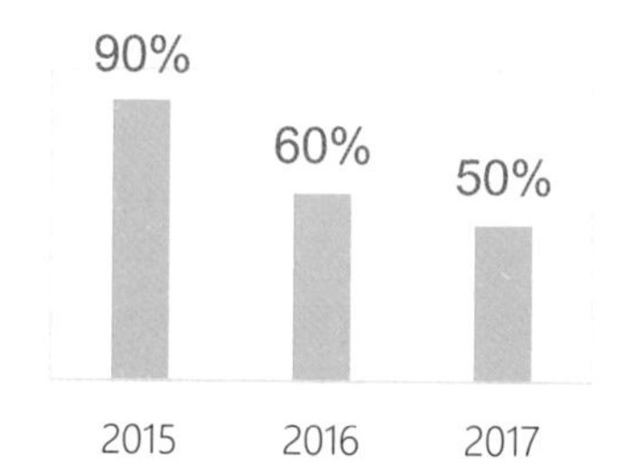

3）不要以为增长慢就不好，要看绝对值！

也许你的业绩增长惊人，但是你的同行业务总量远远超过你的规模，大家都知道，任何一个行业都不是无限增长的。比如我国的GDP，现在增长8个点的难度都远远大于30年前增长15个点的难度，而且也更不容易。

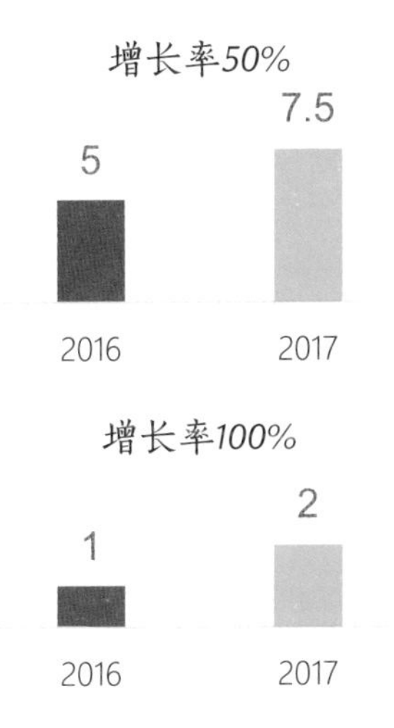

对老板而言，他们更愿意看到业绩从5亿增加到7.5亿，因为除了业绩增长这个指标外，你还要关注一个重要的指标——市场占有率。

4）不要以为增长平均值高就好，要分析环比！

即便你总的增长趋势很好，市场占有率也和对手相同，你还得看环比数据，假如你总的年增长是50%，但是季度数据其实是这样的，你有没有感受到一丝危机？

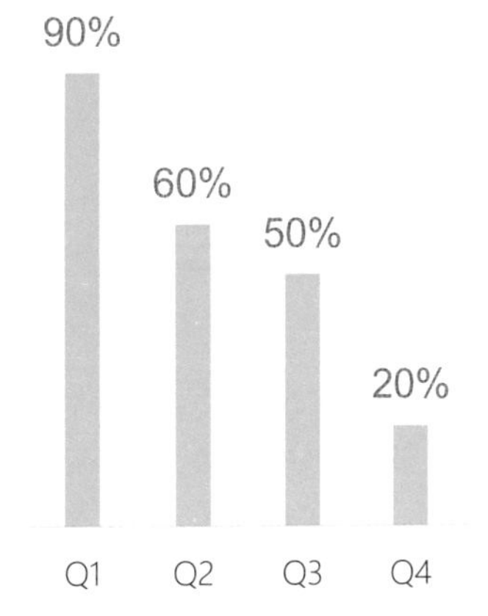

业绩虽然一直增长，但未来趋势如何？

真相是一直在下滑，这是一个大问题。

现在，你能解释下滑的原因吗？

5）不要以为增长就是推广带来的，要分地区！

就算你的业绩环比稳定，甚至上升，也不代表你的产品在每个地区业绩都好，一种常见的就是对比各个地区的业绩。

但是换一种思维，如果我们把实际产品增长区域和实际推广费用地区进行对比，也许我们可以发现一些有趣的信息。

推广费用前五名地区	实际用户增长地区前五名
北京	武汉
上海	成都
广州	重庆
深圳	西安
杭州	长沙

如上表显示，推广费用高的地区用户增长并非是最高的，这说明了有可能并不是你市场做得好，而是某些地区老百姓消费水平提高了，那么你下一步该怎么做呢？

现在是不是应该想一想到底是哪个收入阶层的用户给你带来最大的回报？如何在市场上更精准地抓住他们呢？

6）不要以为增长就是产品带来的，要分品类！

即便每个地区都有高增长，那么增长一定是所有产品的增长吗？有没有产品一直很稳定？有没有产品爆发了？有没有产品萎缩了？

用产品分析四象限图，看一下你们公司的每个产品业绩实际上处于什么状态？再思考一下，是不是应该重新拟定调配资源的计划？

高销售 低利润	高销售 高利润
低销售 低利润	低销售 高利润

7）不要以为增长就是用户带来的，要分类型！

男性用户和女性用户消费习惯一样吗？年轻的用户和年老的用户消费模式一样吗？内地的用户和沿海的用户消费个性一样吗？国外的用户和国内的用户消费水准趋同吗？

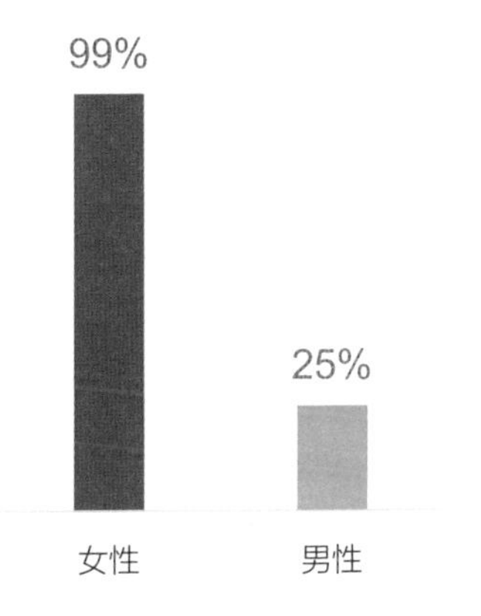

数据能告诉你男性用户消费力更旺盛吗？数据能告诉你女性用户消费更冲动吗？数据能告诉你哪个渠道消费者的广告最容易转化为消费吗？

假如你从数据里面并没有解读出任何信息，这样的数据分析在PPT中不过是一些好看的数据，没有任何指导工作的意义。

不过要找到这样的数据，也对平时的工作提出了更高的要求。很多时候不是不知道分析的思路，而是平时没有做好数据的积累和二次加工，事到临头再归纳就晚了。

8）不要以为增长得快就是好事，要看投入产出！

增长的背后是投入，不能只看增长不考虑成本，要看投入产出比。

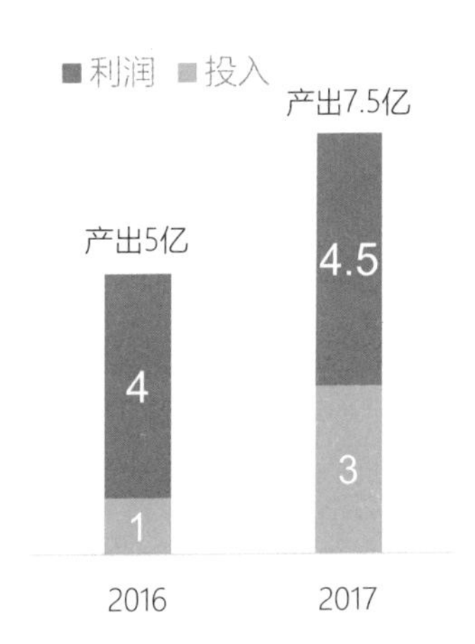

如右图，2016年投入1亿产出5亿，而在2017年投入3亿，产出只有7.5亿，前者的毛利润是4亿，后者有4.5亿，你会选择哪一种营销策略呢？这真是很纠结啊。

投入产出分析可以告诉你市场是否到了瓶颈。

9）不要以为增长是由一个营销渠道带来的！

如果进一步分析自己的投入和产出的关系，你也许发现为你带来产出的渠道正在改变，是传统的广告继续保持了生命力，还是新媒体给你带来了增长点？

如果发现一些渠道投入产出不理想，你还得继续分析没有效果的渠道是推广模式重复，缺少创新造成的，还是消费者正在抛弃这些渠道？

比如现在新媒体非常火爆，那么消费者行为是否真正受新媒体影响？如果受影响，是受同伴的口碑影响更大，还是受名人的推介影响更大？又或者，不同的产品，有不同的影响传播节点？有数据支持你的观点吗？

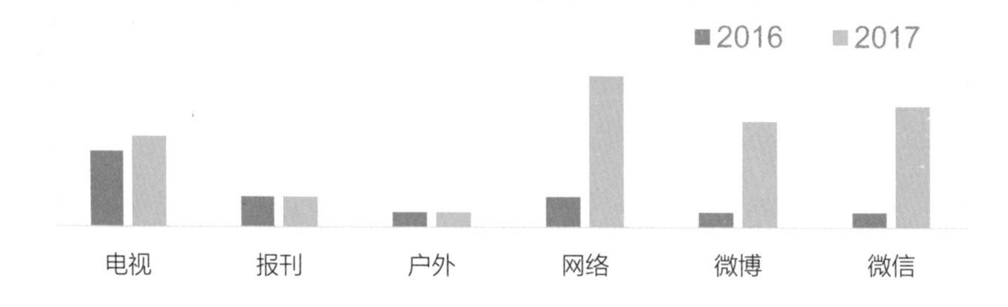

最后总结一下，在 PPT 里面，谈到经营分析的时候：

1．数据多么完美不重要，数据告诉我们哪些结论很重要！

2．报表做得好看不重要，你的分析思路是否靠谱很重要！

3．怎样分析数据不重要，知道领导到底想听什么很重要！

同样的数据，不同的角度，可以得出不同的解读。

这个世界没有标准答案，但是领导心目中却有观点，所以不管你分析的结果如何，该猜一猜你的领导想听什么了。

4 表格

表格是 PPT 中常用来展示数据或信息的工具。比起数据图表，利用表格更能理性地进行分析。

表格的两个特点：多维对比和数据定位

1）多维对比

多维对比数据图表是没办法快速做到的，因为数据图表是二维工具。

举个例子：

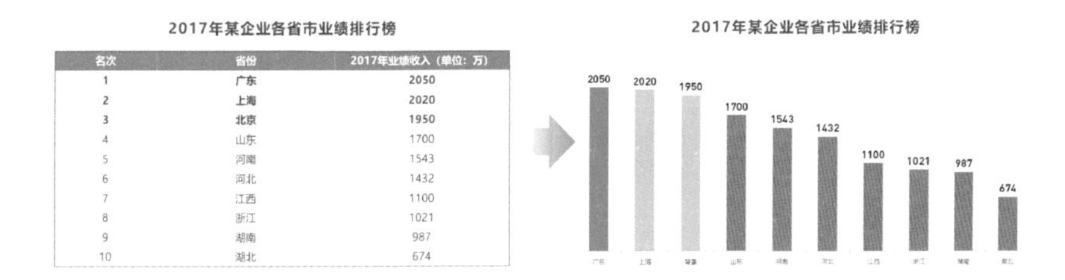

2017年某企业各省市业绩排行榜

名次	省份	2017年业绩收入（单位：万）
1	广东	2050
2	上海	2020
3	北京	1950
4	山东	1700
5	河南	1543
6	河北	1432
7	江西	1100
8	浙江	1021
9	湖南	987
10	湖北	674

对于单列的数据，可以很快转化为对应的数据图表。即使添加一列同维度的数据（相同单位），还是能用数据图表直观地表达。

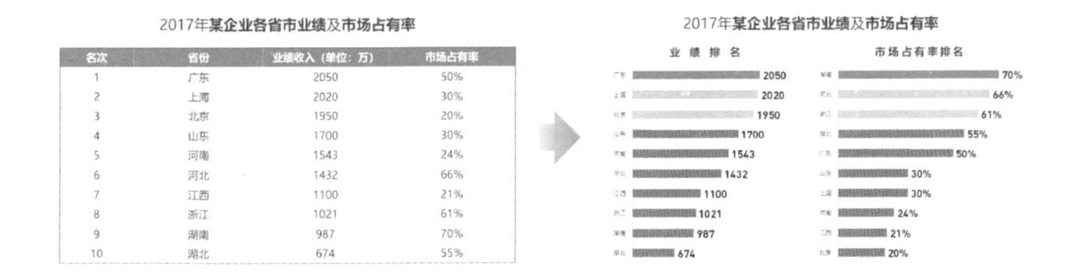

2017年某企业各省市业绩及市场占有率

名次	省份	业绩收入（单位：万）	市场占有率
1	广东	2050	50%
2	上海	2020	30%
3	北京	1950	20%
4	山东	1700	30%
5	河南	1543	24%
6	河北	1432	66%
7	江西	1100	21%
8	浙江	1021	61%
9	湖南	987	70%
10	湖北	674	55%

但若加一列数据量级差距大或单位不一样的数据，就只能拆解成两个数据图表，才能显得直观。

尽管数据图表看起来更加直观，但对于信息维度比较多的情况，表格比数据图表更加合适！

我们再来看一个日常常见的例子。

你会发现很多手机发布会的展示是以手机渲染图为主，对发布会方的好处是可以促进消费者的消费欲望，但对于消费者来说，可能需要更加理性的分析，比如这样的：

图片展示式是视觉为主，可对比分析的信息维度太少。

iPhone手机性价比分析

	iPhone 6(128GB)	iPhone 7(128GB)	iPhone X(256GB)
参考价格	¥4499	¥5299	¥9688
屏幕尺寸	4.7英寸	4.7英寸	5.8英寸
后置相机	800万像素	1200万像素	双1200万像素
机身容量	128GB	128GB	256GB
屏幕分辨率	1334×750像素	1334×750像素	2436×1125像素
核心数	双核	四核	六核
CPU型号	苹果A8	苹果A10	苹果A11

添加多维度的信息对比，对于分析决策更加清晰。

2）信息定位

表格还有一个特点，即对于维度多、数据量大的情况，可以通过任意两个维度，就可以找到你想要的数据或信息，这也是大部分人喜欢使用表格的原因。

2017年度业绩整体达成情况

单位：千元

项目指标	2017年实际达成	2017年目标	预算达成率	去年同期	同比
指标1	549,828	606,347	91%	474,418	16%
指标2	43%	42%	101%	40%	6%
指标3	22%	18%	122%	21%	6%
指标6	493,627	822,059	60%	627,420	-21%
指标7	[illegible]	[illegible]	[illegible]	[illegible]	-23%
指标8	154,718	310,076	50%	234,718	-34%
指标9	3,112	4,503	69%	2,616	19%
指标10	3,130	2,910	108%	3,041	3%

数据维度多的情况下，利用表格可以很好地检索数据。

2017年度新产品开发规划

产品类型
1月 2月 3月 4月 5月 6月 7月 8月 9月 10月 11月 12月
大众型产品：产品1 产品2 产品3
中端产品：产品4 产品5 产品6
高端产品：产品7 产品8 产品9

甘特图是信息定位用得比较多的表格类型。

表格的两个特点可以用来表达多种逻辑关系。

接下来，让我们一起来看下表格可以表达出什么样的逻辑关系。

对比关系

表格最常来用来做对比分析，比如常见的两种不同情况的对比：

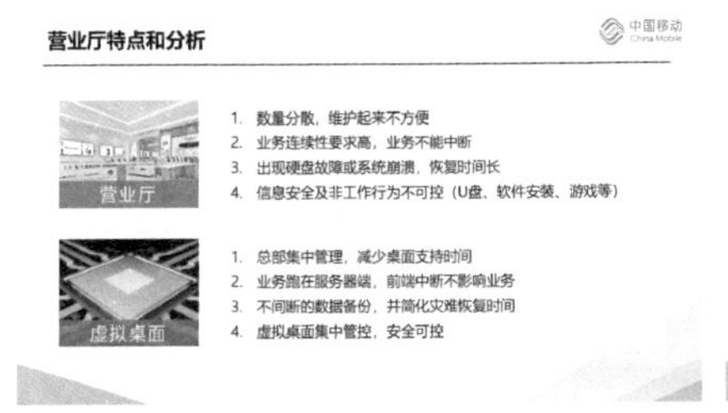

要点列表化在PPT中非常常见，但假如两者间存在对比关系，这样的表达显得不合适。

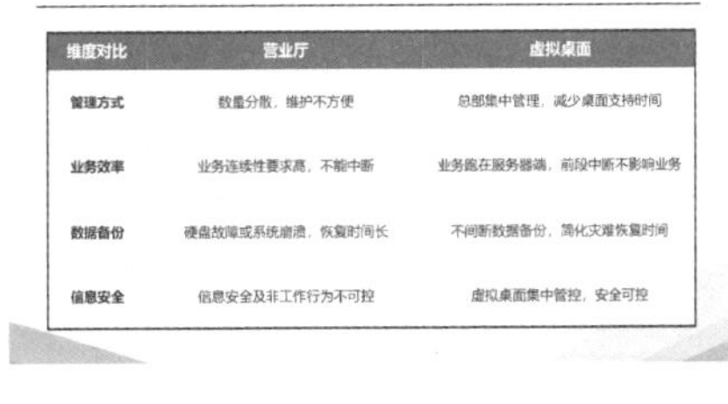
营业厅特点和分析

维度对比	营业厅	虚拟桌面
管理方式	数量分散，维护不方便	总部集中管理，减少桌面支持时间
业务效率	业务连续性要求高，不能中断	业务跑在服务器端，前段中断不影响业务
数据备份	硬盘故障或系统崩溃，恢复时间长	不间断数据备份，简化灾难恢复时间
信息安全	信息安全及非工作行为不可控	虚拟桌面集中管控，安全可控

提炼对比的维度，然后用表格来表达，这样不仅阅读直观，而且逻辑清晰。

使用表格表达对比关系还有一个好处，无论产品或维度再多，你仅仅需要多加一列或一行即可。

并列关系

表格本质是由上下大小一致、排布整齐的格子组成。利用这样的特性还可以用来表达并列关系，比如：

质量管理：PDCA循环

P (plan) 计划 包括方针和目标的确定，以及活动规划的制定。
D (Do) 执行 根据已知的信息，设计具体的方法、方案、计划布局并进行具体运作。
C (check) 检查 总结执行计划的结果，分清哪些对了，哪些错了，明确效果，找出问题。
A (Action)调整 对总结检查的结果进行处理，对成功的经验加以肯定，并予以标准化；对于没有解决的问题，应提交给下一个PDCA循环中去解决。

可以插入一个表格，把内容放入表格来表达并列关系。

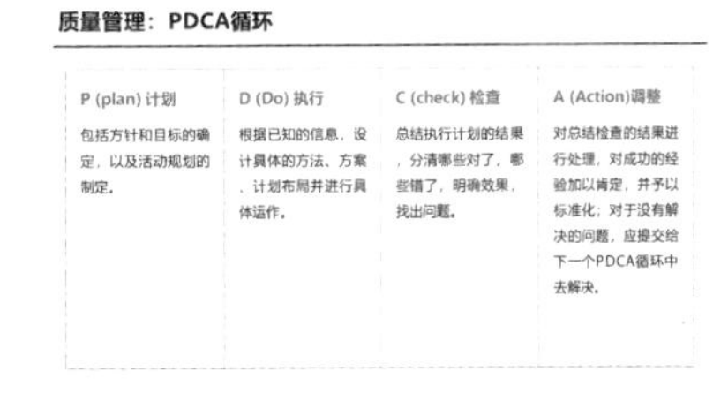
质量管理：PDCA循环

P (plan) 计划	D (Do) 执行	C (check) 检查	A (Action)调整
包括方针和目标的确定，以及活动规划的制定。	根据已知的信息，设计具体的方法、方案、计划布局并进行具体运作。	总结执行计划的结果，分清哪些对了，哪些错了，明确效果，找出问题。	对总结检查的结果进行处理，对成功的经验加以肯定，并予以标准化；对于没有解决的问题，应提交给下一个PDCA循环中去解决。

同样，可以将表格转置一下，变成纵向排版的表格。

这样利用表格来呈现并列关系，可以让排版更加规整。

层次关系

假如并列的内容较多，可以将内容提炼分类，来表达层次关系，比如：

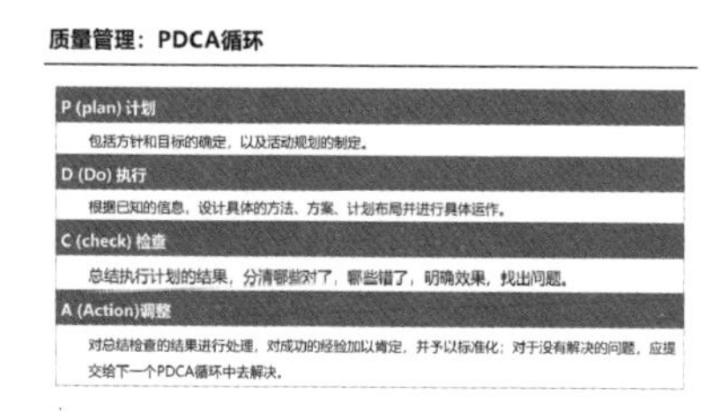

质量管理：PDCA循环

P (plan) 计划
包括方针和目标的确定，以及活动规划的制定。
D (Do) 执行
根据已知的信息，设计具体的方法、方案、计划布局并进行具体运作。
C (check) 检查
总结执行计划的结果，分清哪些对了，哪些错了，明确效果，找出问题。
A (Action)调整
对总结检查的结果进行处理，对成功的经验加以肯定，并予以标准化；对于没有解决的问题，应提交给下一个PDCA循环中去解决。

维度另起一行，表达层次关系

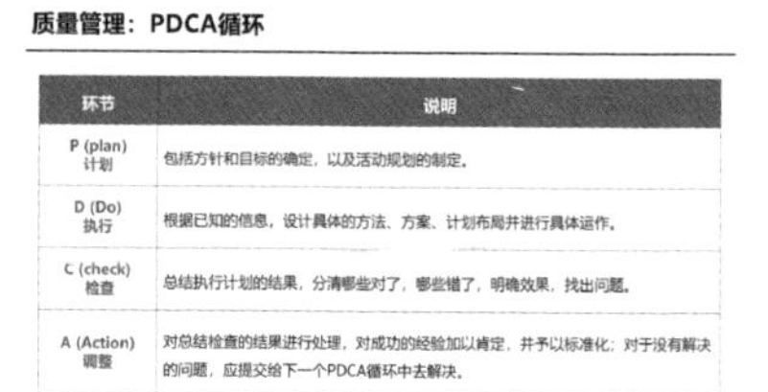

质量管理：PDCA循环

环节	说明
P (plan) 计划	包括方针和目标的确定，以及活动规划的制定。
D (Do) 执行	根据已知的信息，设计具体的方法、方案、计划布局并进行具体运作。
C (check) 检查	总结执行计划的结果，分清哪些对了，哪些错了，明确效果，找出问题。
A (Action) 调整	对总结检查的结果进行处理，对成功的经验加以肯定，并予以标准化；对于没有解决的问题，应提交给下一个PDCA循环中去解决。

维度另起一列，表达层次关系

勾选关系

利用表格的信息定位特点，你还可以用来作为检视清单，比如：

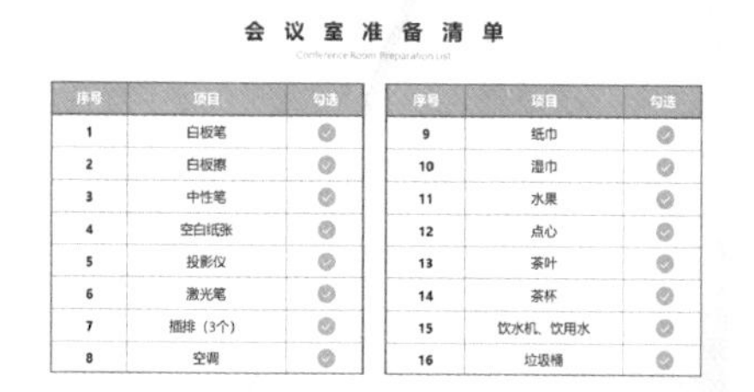

会议室准备清单

序号	项目	勾选	序号	项目	勾选
1	白板笔	✓	9	纸巾	✓
2	白板擦	✓	10	湿巾	✓
3	中性笔	✓	11	水果	✓
4	空白纸张	✓	12	点心	✓
5	投影仪	✓	13	茶叶	✓
6	激光笔	✓	14	茶杯	✓
7	插排（3个）	✓	15	饮水机、饮用水	✓
8	空调	✓	16	垃圾桶	✓

会议物料准备清单

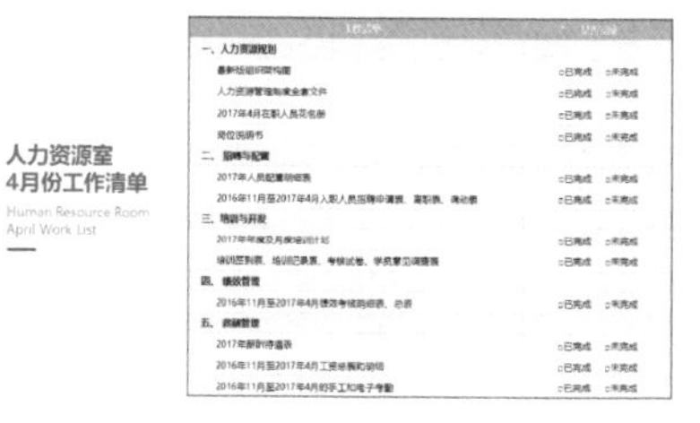

工作完成进度检视清单

日历关系

利用表格的信息定位特点，你还可以做个日历，比如：

玩转表格，模糊描述信息的可视化

有时候，我们对程度的描述会使用文字，这样显得不是很直观。这时，我们可以用不同颜色或数量的符号形状来代替。

举个例子，对于“程度”的描述，你可以这么做：

市场各品牌各维度材质对比

	品牌A	品牌B	品牌C
硬度	中	高	低
体积	高	中	中
外观	高	低	高
防潮	高	高	中
材质	中	中	低
环保回收	中	中	高
保质期	高	高	高

用文字描述显得不直观

市场各品牌各维度材质对比

	品牌A	品牌B	品牌C
硬度	★★	★★★	★
体积	★★★	★★	★★
外观	★★★	★	★★★
防潮	★★★	★★★	★★
材质	★★	★★	★
环保回收	★★	★★	★★★
保质期	★★★	★★★	★★★

不同符号数量，视觉长度区分

市场各品牌各维度材质对比

● 高 ● 中 ● 低

	品牌A	品牌B	品牌C
硬度	●	●	●
体积	●	●	●
外观	●	●	●
防潮	●	●	●
材质	●	●	●
环保回收	●	●	●
保质期	●	●	●

不同符号颜色，视觉直接区分

市场各品牌各维度材质对比

	品牌A	品牌B	品牌C
硬度	★★	★★★	★
体积	★★★	★★	★★
外观	★★★	★	★★★
防潮	★★★	★★★	★★
材质	★★	★★	★
环保回收	★★	★★	★★★
保质期	★★★	★★★	★★★

不同数量和颜色，区分度更高

同样，这样的思路你可以再扩展一下，比如前文提到的甘特图：

2017年度新产品开发规划

产品类型		1月	2月	3月	4月	5月	6月	7月	8月	9月	10月	11月	12月
大众型产品	产品1	●	●	●	●	●	●	●	●	●	●		
	产品2		●	●	●	●	●						
	产品3								●	●	●	●	●
中端产品	产品4							●	●	●	●		
	产品5			●	●	●	●	●	●				
	产品6	●	●	●	●	●	●	●					
高端产品	产品7	●	●	●	●								
	产品8			●	●	●	●						
	产品9					●	●	●	●	●	●	●	●

线条替换成带颜色的符号形状

2017年度新产品开发规划

产品类型		1月	2月	3月	4月	5月	6月	7月	8月	9月	10月	11月	12月
大众型产品	产品1												
	产品2												
	产品3												
中端产品	产品4												
	产品5												
	产品6												
高端产品	产品7												
	产品8												
	产品9												

或者直接用颜色填充表格

第 06 章

打造视觉冲击力的 PPT

扫码看视频

1 设计一个吸睛的封面

封面好比一场演讲的开场白，实际上也正是在做开场白的时候，我们才会展示封面。

一个好的封面要能够唤起观众的热情，使观众心甘情愿地留在现场并渴望听到以后的内容。

标题设计：一个优秀封面的前提

你打算用什么来吸引你的观众，漂亮的照片？创意的设计？这些可能需要，但却不是最关键的。

最关键的是一个能调动观众兴趣和思考的好标题，当然，要避免成为标题党。

举几个例子，下方两个案例是不是我们常见的标题：

这样的标题很难唤起观众的好奇心，看完估计有种看产品说明书的感觉。但假如把标题换成这样：

是不是感觉不一样了？即使没有任何设计，但使用这样的标题，封面也回让观众产生期待。接下来，我们推荐几种方法。

1）痛点式

如果你的 PPT 演讲是解决某个痛点问题的，这是个不错的选择。痛点式可以多用疑问句，勾起观众探知欲。比如下方这两个案例：

如何成为人见人爱的
专业保险经纪人？
How To Become A Popular Insurance Broker

毕业生如何快速
成长为职场精英
How Do Graduates Grow Into Professional Elite

2）解决方案式

很多教程名称都用了这种方式。通过总结技法，浓缩为要点或技巧，让观众一看就心理有数。比如下方这两个案例：

成为PPT高手须知的
十大关键技巧
The Ten Key Skills Of Becoming A PPT Master

文案写作高手的
十大不传之秘
The Ten Great Mysteries Of The Master
Writing Of A Copywriter

3）愿景式

这在政府、事业单位见得比较多，年度总结、战略规划都可以用，本质是一种价值升维的做法，将具体的事情升维到价值观层面。比如下方这两个案例：

攻坚克难 勇创佳绩
2017年工作总结及2018年工作规划

学习贯彻党的十九大精神
推动新时代文化繁荣兴盛
2017年XX党委学习会议

4）一语双关

有时，巧妙地将标题与某个词结合，可以搭配出不言而明的效果。

将PPT的教学巧妙地与人的三观结合，很好地引起观众的好奇心

将“人才”换成“人财”，突显人是财富，妙不可言

最后提醒下各位：

1）要避免成为虚有其表的标题党。比如“一小时成为 PPT 高手”，这从客观事实来说，不太现实。

2）职场汇报等重要场合，官方式的标题可能比较合适。比如月度经营分析会，你的标题可能是“XX 部门 6 月份经营分析汇报”。

视觉设计：为你的封面加分

我们当然不是不在乎设计，做好视觉设计，能吸引观众的眼球，为你的演讲打分。我们通过下方这个案例的修改来看看可以如何设计：

如何成为PPT高手?

1）使用对比，增强层次感

在没有图片的情况下，你可以使用对比来增强页面的层次感。

内容对比：假如背景是白底，你可以添加副标题（或英文）、署名、日期等来增强页面层次感，比如：

字体对比：当然，你可以把字体换成有冲击力的字体，比如：

背景对比：当然，你也可以将背景填充深色或渐变色，聚焦内容。

没有图片的情况下，用以上 3 种方式就可以做出简洁美观的封面，这对任何信息量少的页面都适用。

那么，假如有图片辅助，又可以怎么做呢？我们一起来看一下。

2）使用图片，增强视觉化

添加修饰：对于干净背景（白底、纯色、简单渐变色）的页面，你可以添加修饰的元素（如线条、形状或简单的 PNG 修饰图片）。比如：

是不是美观很多？当然，假如有现成的图片是这样的，你也可以直接作为背景，这样省去很多制作时间。

全图背景：全图型 PPT 是 Garr 推崇的 PPT 设计，尤其用在 PPT 中，具有强烈的视觉冲击力。比如：

别忘了，字体还可以使用对比，比如：

这样一来，你的封面是不是更有视觉冲击力、更能吸引观众眼球了呢？

我们再看一下，还能怎么玩。

3）变换排版，丰富你的版式

上面提到的方法用得好，几乎能让你制作出美观的封面设计。

除了设计方法，我们还可以通过调整排版来获得更多的版式，下面推荐一些常见的排版方式。

基本式：全景背景的情况（背景纯色或全图），可以使用左对齐、居中对齐、右对齐 3 种方式：

比如纯文字的效果：

添加 LOGO 一样适用：

把背景换成全图型试试：

是不是思路一下子打开了呢？

我们再来看看，还可以怎么做。

上面提到的是全背景式的，我们来看一下半背景式。

拦腰式：在上方版式的基础上，在中部添加形状或图片。

比如添加形状（形状颜色可以换成渐变色）：

比如把形状换成图片：

上下式：把上方空间让出来，放置形状或图片。

比如添加图片：

是不是又多了几种排版思路？还有呢。

左右式：左右排版形式比较常见，但是可以玩出很多花样。

比如换成图片的效果是这样的：

换形状：上面的版式都适用！还能改变形状来得到新的版式，比如上方的左右式，把矩形换成梯形：

同理，不仅可以换形状，还可以换字体、换配色等。

请记住，上面提到的设计方法也适用于目录页和转场页！

设计几乎是无止尽的，试想一下，用上方的方法可以得到几种版式？

我们只提供给你简便易操作的方法。我们相信，只要你能融会贯通地掌握本节的知识，做出一个吸引人的封面，并不难！

2　结构化设计你的目录页

目录代表整个 PPT 的内容逻辑，仅仅列出要讲的内容就够了吗？

做得好的目录页是什么样的？我们来看一下 Garr 是怎么做的：

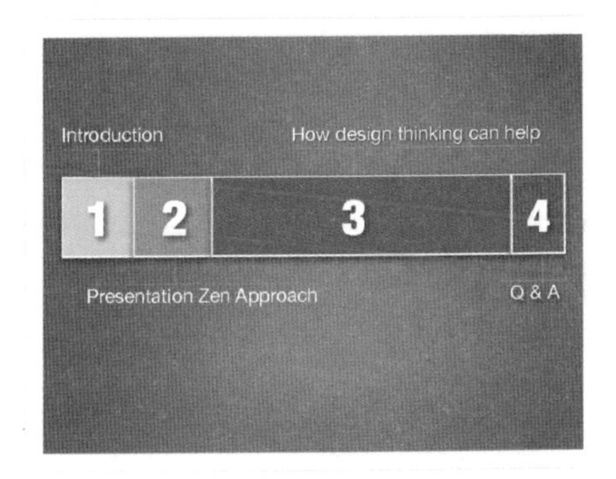

左边是Garr做的一个目录，有两个特点：

1）展示内容框架（这是基本要求，几乎所有人都是这么做的）。

2）展示了本次演讲的大致时间安排（这是亮点，很少人会这么做）。

那么，如何做好一个目录页呢？

其实目录内容本身是要点的展示，我们完全可以借鉴上一章提及的关系图表来展示。

最简单的列表式

列表式是最省时间、最简单、最常见的形式，同时也是最没创意的形式。

目录
CONTENTS

一、什么是汽车延保
二、阿里汽车延保服务和优势
三、延保项目战略合作计划
四、执行方案

当然，即便没创意，但我们可以通过一些方法，让它变得美观。

1）放大序号

借鉴列表式图表，可以将序号单独拿出来设计。比如把序号拿出来用形状反衬或放大序号。

目录
CONTENTS
一 什么是汽车延保
二 阿里汽车延保服务和优势
三 延保项目战略合作计划
四 执行方案

目录
CONTENTS
01 什么是汽车延保
02 阿里汽车延保服务和优势
03 延保项目战略合作计划
04 执行方案

2）用图标或图片代替序号

将序号或项目符号用图标或图片代替也是不错的选择。比如：

3）换成竖直排版

改变排版方式也是不错的选择，当然需要在一定程度精炼章节标题。比如：

假如你没有思路，上面 3 种方式都可以让你的目录变得美观。你也可以结合封面设计的那些形式，进一步设计。

使用关系图表，体现结构化

关系图表的使用方法在上一章我们已经介绍过，这里不再赘述。只要能挖掘目录内容间的关系，就可以用关系图表的形式来表达。

给大家分享几种常用的形式。

1）时间型

时间型其实使用的是递进型关系图表。

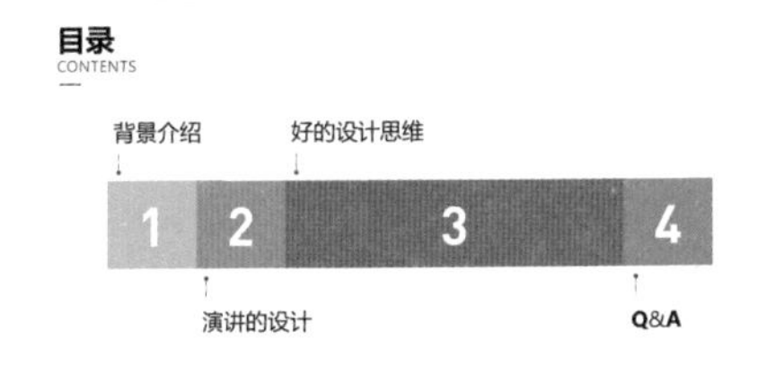

体现演讲所用时间的目录，提示观众在各个章节要花费的时间，这在任何的PPT中都适用

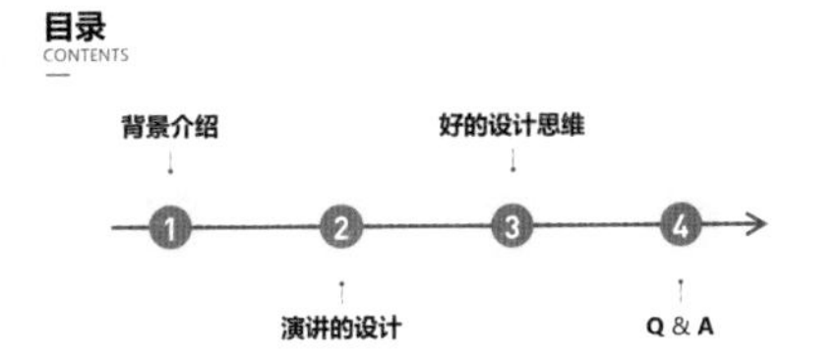

体现演讲顺序的目录，在介绍发展历程之类的PPT中尤为适用，很多PPT都可以使用这种方式

2）总分型

总分型的用法非常多，主要是一个中心多个要点的形式。

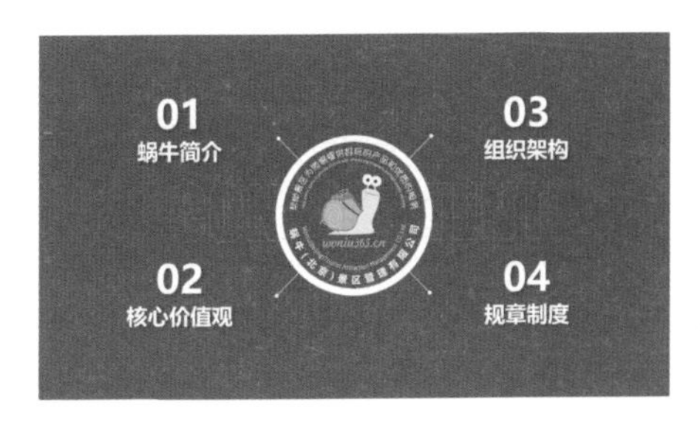

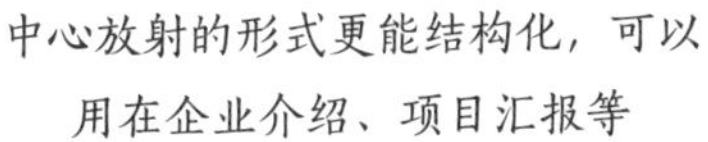

中心放射的形式更能结构化，可以用在企业介绍、项目汇报等

单侧放射式也是不错的选择，这符合大众的阅读习惯

上方两个表达形式可以作为参考借鉴，几乎可以使用在任何场合。

我们再介绍两种通用的创意目录的形式。

创意目录一：图片结合式

一些自带明显线条的图片，我们可描绘出线条，用线条将目录串联起来。

比如：

将赛道线勾勒出来，串联目录内容，看起来动感十足

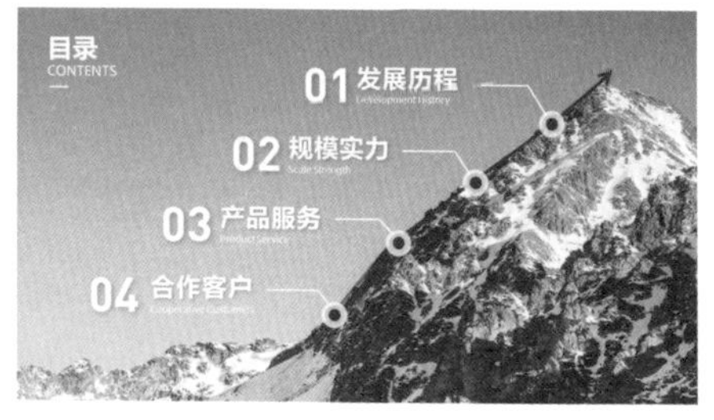

将山势线勾勒出来，串联目录内容，看起来韵味十足

创意目录二：图片拆解式

用的是总分式的思路。可以将一张图片等分拆解成与章节一样的数量，既能展示独立的章节，又能表示一个整体。

比如：

把汽车拆解成四部分，每部分一个章节，既是独立又体现整体

一张图片拆解成四部分，分别代入每个章节，既是独立又体现整体

创意式的目录很考验你的创造能力，但万变不离其宗，即用一条逻辑主线将目录内容串联在一起。

将以上两种创意目录的思路用到你的 PPT 中，相信可以提高几个档次。

3 重复设计你的转场页

转场页代表着新章节的开始，起着导航的作用，能给观众预警提示。

如果你准备的是一场 10 分钟的演讲，一共讨论一个话题三个方面的内容，你当然不需要转场页。

但是，如果是一场持续数小时甚至一整天的授课，你要跟观众分享大量的信息，若没有转场页，恐怕到后来你自己都不知道讲到什么地方了。

转场页设计的关键是重复（图片类型、排版、字体等），形成一套完整的转场页，这样才能显得规范，足够专业。

那么，该如何设计你的转场页呢？我们一起来看一下。

偷懒式设计你的转场页

最简单的做法就是在你做好的目录页上修改，突出当前章节，弱化其他章节。

只有文本的情况下，可以复制、粘贴出多个目录页，然后把其他章节文本颜色换成淡灰色，这样就可以得到一套完整的转场页。

比如这样的：

目录
CONTENTS
01 什么是汽车延保
02 阿里汽车延保服务和优势
03 延保项目战略合作计划
04 执行方案

目录
CONTENTS
01 什么是汽车延保
02 阿里汽车延保服务和优势
03 延保项目战略合作计划
04 执行方案

目录
CONTENTS
01 什么是汽车延保
02 阿里汽车延保服务和优势
03 延保项目战略合作计划
04 执行方案

目录
CONTENTS
01 什么是汽车延保
02 阿里汽车延保服务和优势
03 延保项目战略合作计划
04 执行方案

如果是用形状框选的，可以改变形状的颜色和字体的颜色。同样的步骤，你可以得到这样的转场页：

如果使用的是图片拆解式的目录，可以调整图片的颜色为淡色，或者插入一个白色半透明的形状遮盖其他章节的内容，比如这样的：

偷懒式的做法殊途同归，都是想办法弱化其他章节，来突出本章节。

拆解式设计你的转场页

当然，我们可以单独取一个章节内容来设计转场页，这样显得更加专业，更有视觉冲击力。你可以这样理解，每个单独的转场页是一个小的封面页，因此设计方式完全可以参考封面的设计方式。

设计完一个转场页后，你可以重复它的排版：

当然，在此基础上，你可以添加系列化的图片来增强视觉冲击力。

也可以保持文字排版样式，根据图片的情况调整合适的位置（最起码做到了排版和图片的选择是重复的）。

请记住，转场页的设计重复是基本要求。

最简单且最省时间的做法是直接拿目录来修改。所以，只要你的目录设计得足够吸引人，相信转场页也不会差到哪里去。

如果把每个章节拿出来单独设计，可以当成一个小封面来制作。

4 用图片打造视觉感染力

图片是视觉呈现的主要素材，图片选得好，几乎不用任何设计，只要整齐地放上你的文案，基本就是一个精美而具有冲击力的页面。

比如很多产品发布会就是这么做的：

小米手机6发布会上，雷军用了星空下的人影来衬托文案，很有感染力

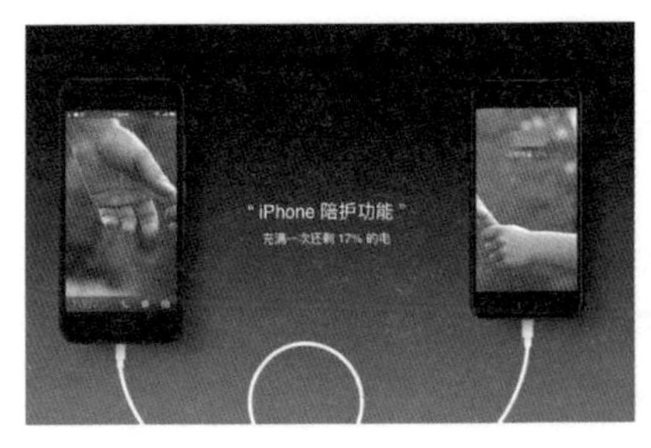

坚果Pro产品发布会上，罗永浩用了大手牵小手的图片来表达陪护功能，堪称绝妙搭配

某战略规划演讲的PPT，激励式的文案，搭配应景的图片，表达每个平凡人都能在此平台实现非凡

那么，我们应该如何找到合适的图片，并合理地使用它呢？一起来看一下，PPT 使用图片时不能不知的几个常识。

注意，下方提到的案例都可以使用 PPT 自带的功能来实现。

如何找到合适的图片？

在网络发达的今天，随处可以找到丰富的图片资源。我们已经不再担心找不到图片了，但面对数量众多的图片资源，我们反而苦恼于找不到合适的图片。

找到合适的图片有两个关键点：

第一，渠道。要有专业的图片库（我们在第 02 章推荐过）。

第二，搜图。要找对关键词（我们接下来讲这个）。

这里我们讲解下搜图的技巧。

1）取关键字法

取关键字法很好理解，即从主题或段落中直接摘取具体的关键词。

举个例子，我们为下方的内容找到合适的配图，取其中的几个关键词：

智能城市是未来发展重点，将带动经济发展

智能城市也称为网络城市、数字化城市、信息城市。其不但包括人脑智慧、电脑网络、物理设备这些基本的要素，还会带动新的经济结构、增长方式和社会形态。

用上面的几个关键词，我们可以找到对应的配图，比如：

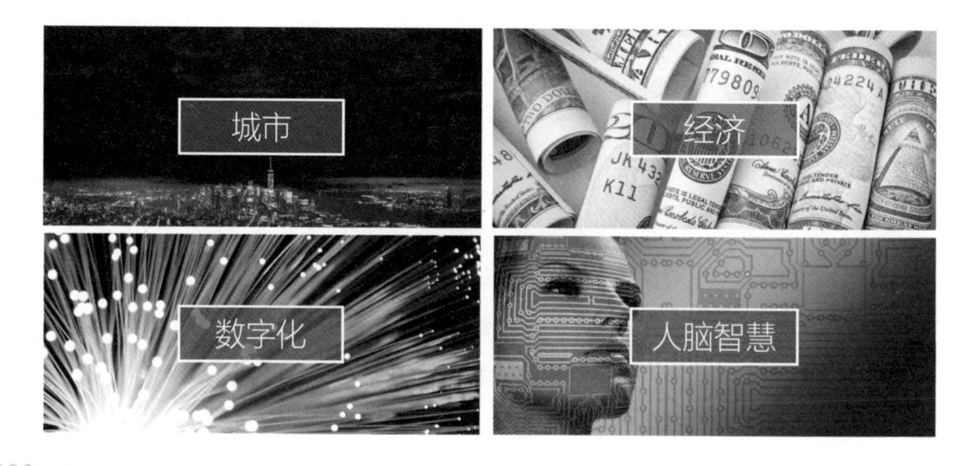

把内容放到图片，可以做成这样的全图型 PPT：

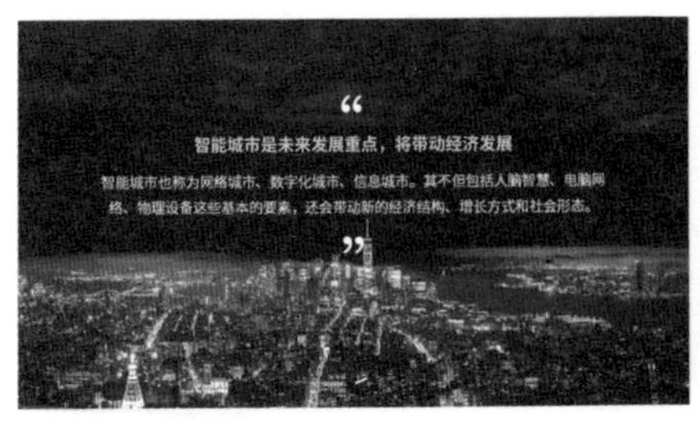

城市的配图，侧重说明城市发展

经济的配图，侧重说明经济趋势

数字化的配图，侧重说明技术

人脑智慧的配图，侧重说明技术

我们发现，相同的内容但不同的配图，会给我们不一样的视觉感受。这给我们一个启发：假如我们的文案是有侧重点的，那么可以侧重找到合适的配图，来引导观众的视觉感官。

举个例子，“青春不再，友谊长存”这个文案的配图：

关键词：青春

视觉感受是青春期的情愫

关键词：友谊

视觉感受是朋友间的友谊

2）类比联想法

类比联想法需要发挥你的想象力，因为很多时候你要的配图只有概念，并不具体，这类配图描述一般只是个形容词。

我们提供一种万能的方法：

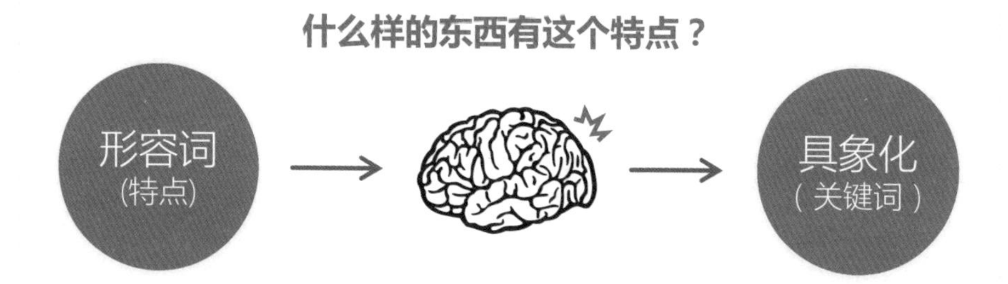

举个例子，如何找到高大上的图片？

根据具象化的关键词，我们可以找到对应的配图，比如：

再比如说，如何找到科技感的图片？

根据具象化的关键词，我们可以找到对应的配图，比如：

爱因斯坦说：“逻辑会把你从 A 带到 B，想象力能带你去任何地方。”发挥你的想象力，绝妙的配图并不局限于本书所介绍的方式。

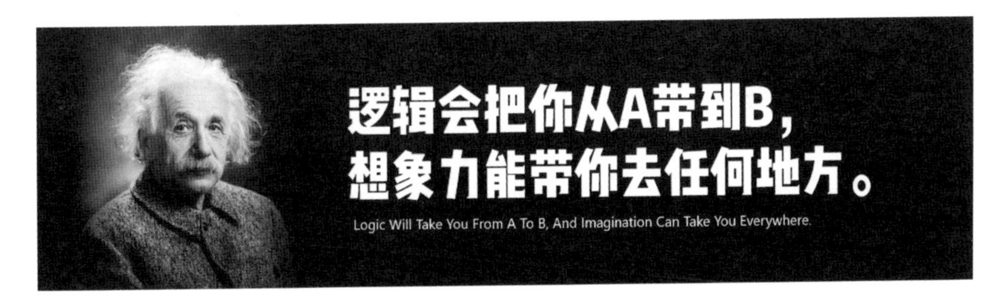

如何正确使用图片？

除了选对图片外，还要避免图片滥用，下面这些细节你不能不知。

1）高清无水印：高质量的图片是第一要求！

劣质加水印的图片显得很业余

高质量清晰图片显得很专业

2）客观不拉伸：不要让你千辛万苦找到的图片变得违和感十足！

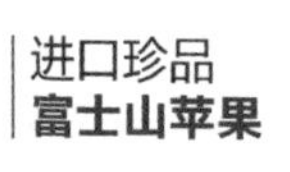

拉伸的图片显得别扭不现实

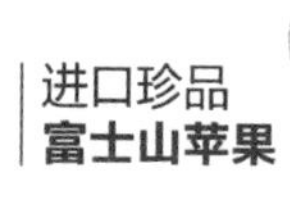

正常比例的图片显得真实合理

3）画风要一致：同一个 PPT，多个图片，要保持风格一致！

Comparison Of Three Cameras

佳能 CANON　尼康 NIKON　三星 SAMSUNG

不同画风的图片看起来像拼凑

Comparison Of Three Cameras

佳能 CANON　尼康 NIKON　三星 SAMSUNG

相同画风的图片放一起才专业

4）水平线一致：多张风景图，要保持水平线一致、重心一致！

重心左高右低，页面不平衡　　　　水平线一致，重心平衡

5）视线朝内侧：使用人物图片时，视线要朝内侧，聚焦内容！

职场不得不知的
商务交际礼仪

视线朝外，分散视觉注意力　　　　视线朝内，聚焦视觉注意力

6）三点要一致：团队介绍的多人物图片，眼睛、鼻子、嘴要共线！

Team Introduction

小巴　佳少　阿机　优卡

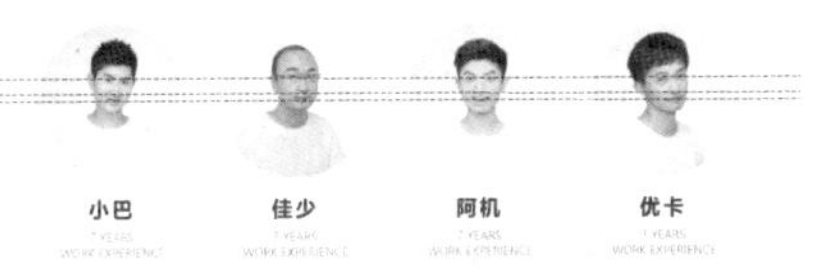

图片大小不一，看起来别扭　　　　三点共线，视觉大小一致

图片使用的细节不当分分钟可以毁掉你的 PPT。注重细节，视觉美观的 PPT 离你不远！

如何玩转你的图片？

工欲善其事，必先利其器。同一张图片，不同的用法做出来的 PPT 有天壤之别。只要学会下面的这些图片用法，你的 PPT 水平绝对可以超过大众水平。

1）用蒙版缓冲图文

全图缓冲：有时候找到一张好看又适合的图片，却发现文字一放上去，背景和文字都混在了一起。这时可以用一个渐变透明的形状（蒙版）放于图片和文字中间，来进行缓冲。

这种做法在发布会 PPT 中非常常见。

文字与图片对比度不高，看不清楚

添加渐变透明的蒙版，增强对比度

做法很简单，插入一个覆盖图片的矩形，设置两端为黑色的渐变色，将其中一端黑色设置透明度为 100%，然后放到图片上即可。

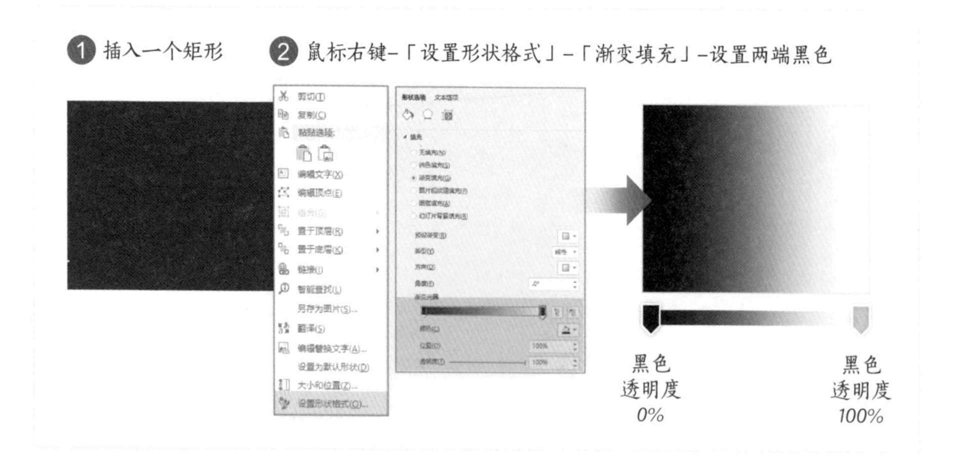

备注：上方操作软件为PowerPoint 2010及以上版本。

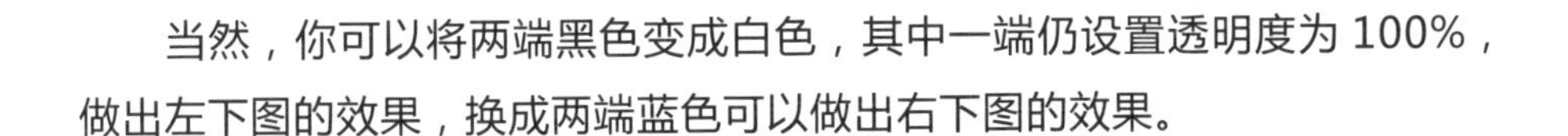

当然，你可以将两端黑色变成白色，其中一端仍设置透明度为 100%，做出左下图的效果，换成两端蓝色可以做出右下图的效果。

一个渐变蒙版就可以改变你的图片，是不是很简单！

半图缓冲：同理，假如遇到的是左下图的情况，可以调整蒙版的大小与图片一致，然后在底部加一个与渐变边缘色一样的矩形。这样可以得到一个完整的全图。

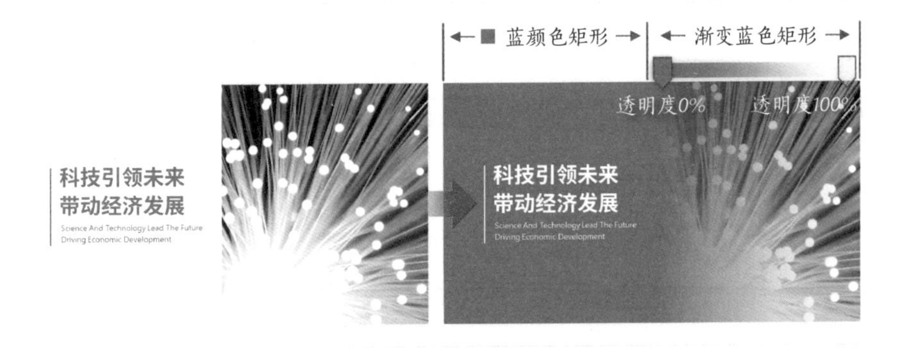

借此方法，可以做出很多颜色的全图型 PPT，比如：

双图缓冲：有时我们希望将两张不一样的图片拼接在一起，蒙版也可以作为缓冲，比如：

比如 ABLESLIDE 团队给腾讯做的发布会 PPT，也是这样做的：

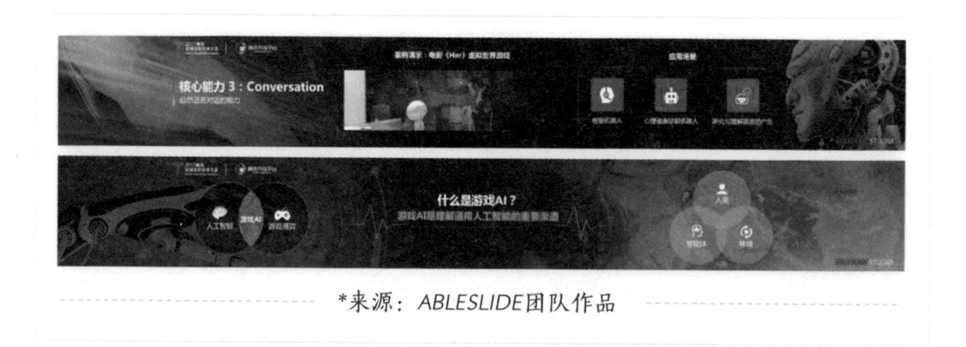

*来源：ABLESLIDE团队作品

这样一来，你突然发现，只要掌握了蒙版的使用方法，很多发布会级别的 PPT 效果也不是特别难实现。

2）图片的对称玩法

面对一份长屏幕的 PPT，找合适的图片显得困难。这时，一种简单易操作的方法（复制、粘贴，然后水平翻转一下）可能适合你。比如：

复制、粘贴一份图片　　然后水平翻转一下

再试试其他图片的效果，是不是很赞！

3）颜色效果

有时候寻找一组图片展示，会发现色调不一致，显得不统一。这时可以使用图片的「颜色」来统一色调风格。

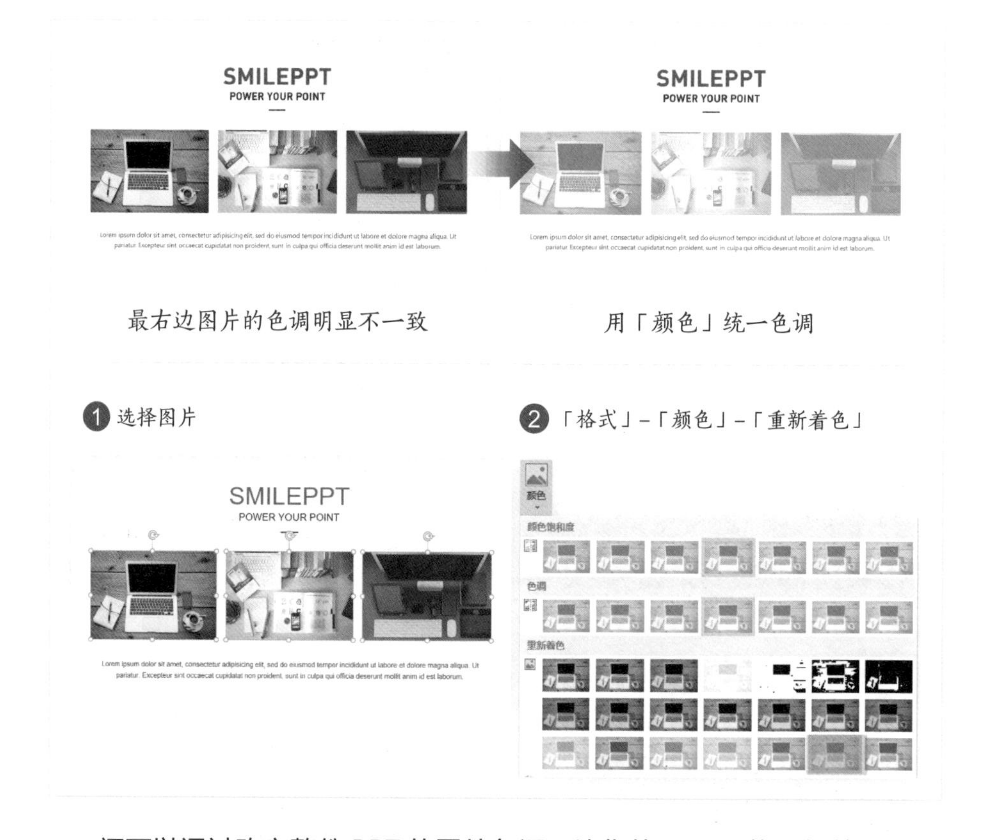

还可以通过改变整份 PPT 的图片色调，让你的 PPT 风格足够统一。比如下方这套模板即使用了这种方法：

4）艺术效果

除了颜色效果，还可以使用图片自带的「艺术效果」来玩转你的 PPT。

比如 PPT 圈子的呆鱼，在讲课前做的一个自我介绍 PPT 很有意思。呆鱼用了「艺术效果」的「塑封」效果，成功破冰，让学员对 PPT 产生了学习兴趣。

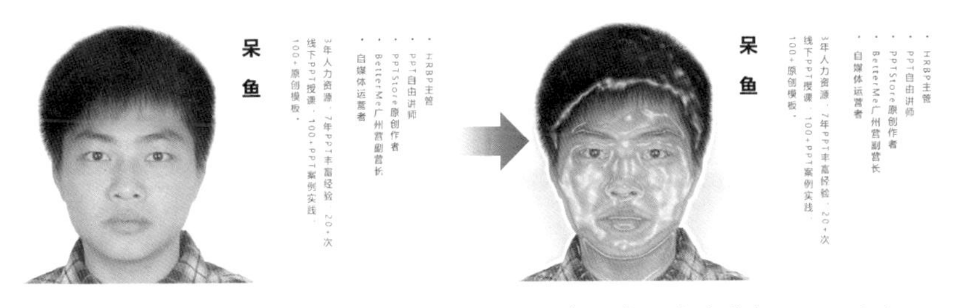

正常的自我介绍PPT，平淡　　　　自黑式的自我介绍PPT，破冰

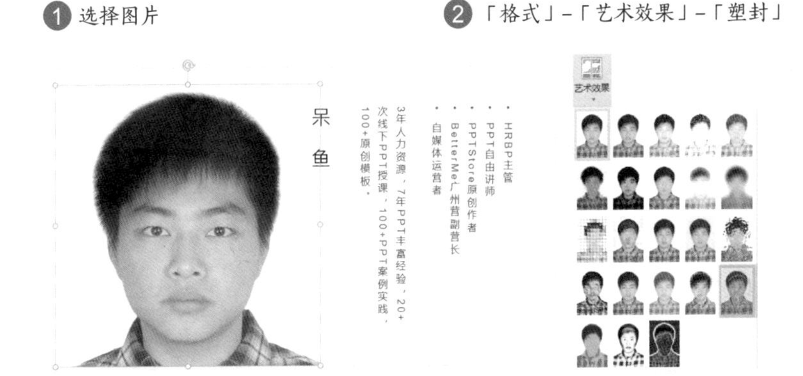

「艺术效果」的玩法很多，比如使用「虚化」可以做出 IOS 风格效果：

5）删除背景

也许在你的认知中，图片一定是带有边框的。这样的图片有时放到 PPT 中，会限制排版的美观性。这时，可以去除图片的边框，变成一个透明边框的图片（这种类型的图片叫 PNG 图片）。

秋叶
武汉幻方科技有限公司创始人

秋叶
武汉幻方科技有限公司创始人

图片的边框看起来没有美感　　去掉边框后显得更大气美观

正常情况下，我们需要使用 Photoshop 等专业的图像处理软件来抠图，但 PPT 有两个自带的图片处理工具，在一定程度上能快速解决这个问题。

PPT自带的两种抠图工具

设置透明色（2007及以上版本）：适用于背景接近纯色的情况。

操作步骤：选择图片－「格式」－「颜色」－「设置透明色」－选择被透明的颜色

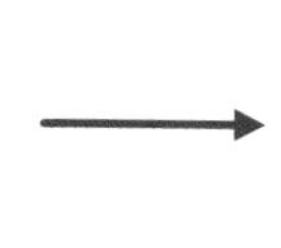

删除背景（2010及以上版本）：适用于主体与背景差异化大的情况。

操作步骤：选择图片－「格式」－「删除背景」－调整选框

6）SmartArt 快速排版图片

面对诸多的图片怎么办，很简单，记得前文提到的「SmartArt」工具吗？它不仅能快速将你的内容转化为关系图表，它还能帮你快速排版图片。

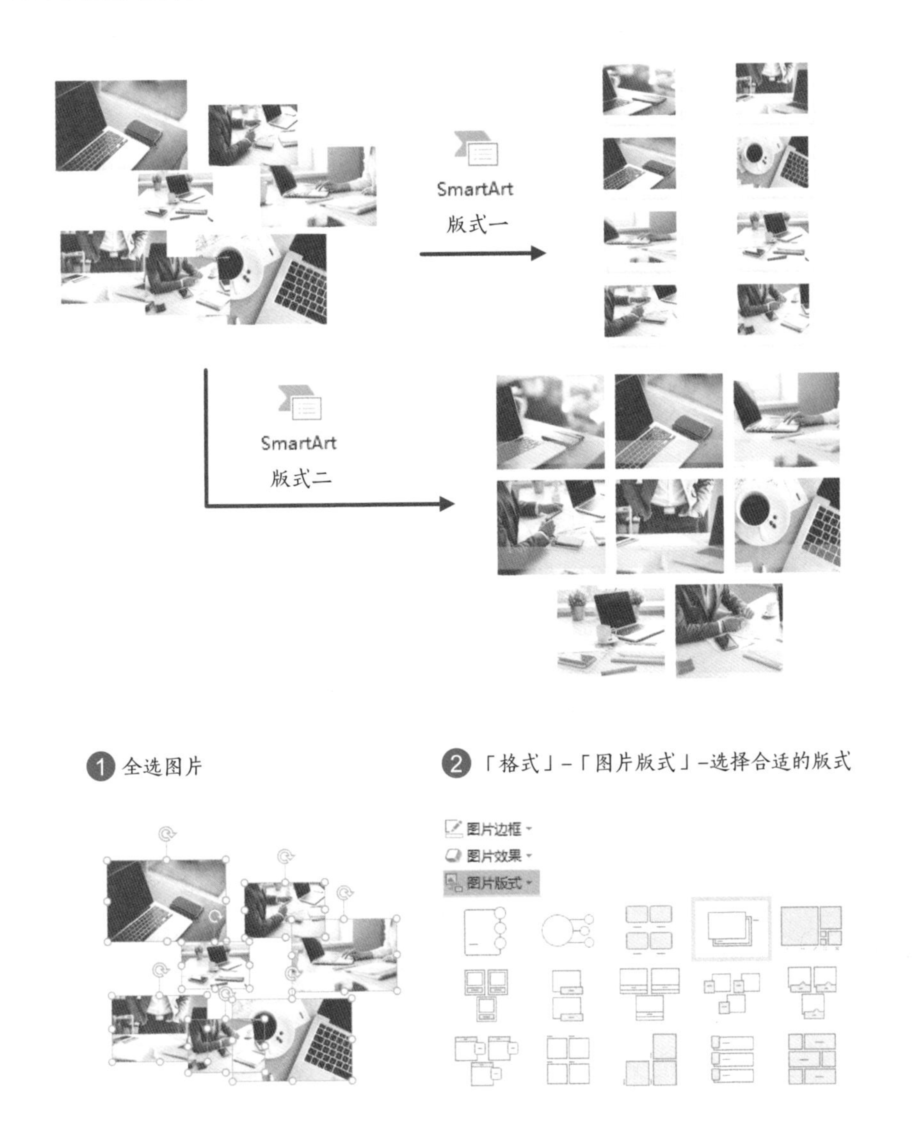

当然，SmartArt 的「图片版式」功能有限，真能使用的可能就两三个，但是当你遇到很多图片而不知所措的时候，这不失是个解决方案。

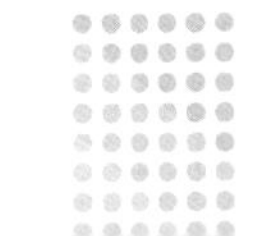

7）图片裁剪

先看个案例，你觉得下方这份 PPT 用了几张图片？

其实只使用了一张图片。如下：

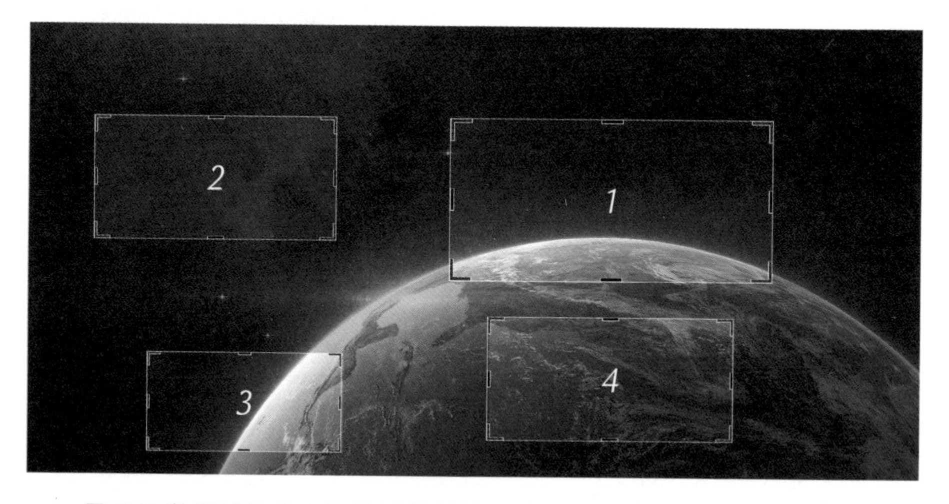

是不是觉得很神奇？这就是裁剪的用法：一图多用。只要你的图片足够清晰，你可以裁剪图片的任何一个位置，作为一张全新的背景。

使用方法很简单：选择图片 –「格式」–「裁剪」。

「图片裁剪」作为 PPT 自带的图片处理神器之一，我们来看下可以怎么用。

第一种用法是裁剪合适的图片。很多时候，我们难得找到一张合适的图片，却发现直接排版页面不平衡。这时，我们可以裁剪图片适当的位置，来作为一张新的背景图。

尽管这样排版页面已经平衡
但斜对的排版看起来欠缺大气

裁剪左图中虚框部分作为背景
居中排版更加大气

第二种用法是裁剪连续的图片。配合演示的切换动画（如推进），有很强的衔接性和连贯性。另外，借助 iSlide 插件还可以导出无痕衔接的长图。

裁剪连贯的部分
加上幻灯片切换动画
有意想不到的效果

用在你的 PPT 上是不是很高大上呢？不妨回头自己试试。

第 07 章

哪些资源能提升 PPT 设计水平

扫码看视频

1 哪些图书能提升你的 PPT 设计能力

和秋叶一起学PPT 零基础

操作入门　豆瓣：7.9

哪里不会查哪里！帮助你快速掌握PPT新版本的功能，快速查找PPT的各种素材，提供快速练习PPT技巧的三分钟教程！

PPT炼成记 初阶

基础制作　豆瓣：8.5

PPT达人曹将的倾力之作。教你懂得PPT的基本理念和操作规则。

职场人必备的PPT手册！

PPT，要你好看 初阶

基础制作　豆瓣：8.8

注重操作，即学即用。从字体、图片、图表、图示、动画等元素深入浅出地介绍，又从排版、色彩及模板速成等方面，教你综合运用！

PPT设计思维 进阶

PPT逻辑　豆瓣：7.6

看再多的教程，没有合适的方法论也是白搭。这本书从设计维度出发，教你又好又快地制作一套PPT。

说服力：让你的PPT会说话 进阶

PPT逻辑　豆瓣：7.5

一本用PPT写出来的书，这本书用大量的PPT案例告诉你PPT制作是要遵从一定规则和思维的。

除此之外，你还能学到一些职场理论。

说服力：工作型PPT该这样做 进阶

工作提升　豆瓣：7.6

不谈技巧，教你态度。基于PPT教你创意工作方法，不仅让你的PPT更加漂亮，还让你养成一种正确的职业态度和做人艺术。

说服力：教你做出专业又出彩的演示PPT 进阶

PPT风格　豆瓣：8.1

一群有才华的PPT达人分享他们的干货，你可以快速学会：全字型PPT、全图型PPT、自我介绍PPT、产品推介PPT、中国风PPT等。

写给大家看的设计书 高阶

专业PPT　豆瓣：8.6

出自顶级设计师之手，把复杂的设计原理凝练为四大基本原则：亲密原则、对齐原则、重复原则、对比原则。

我们在网易云课程开设了针对零基础和进阶人群的 PPT 课程，搜索“秋叶 PPT”即可参加学习。

2 哪些网站能提升你的审美水平

审美决定设计的上限，也决定着你的 PPT 是否能满足观众的审美观。那么，有哪些网站可以提升审美水平呢？

花瓣网

国内知名的灵感收集网站，可以在这里看到很多创意而又精美的设计。

站酷网

中国人气设计师互动平台，这里有500万+的优秀设计师，你可以在这里看到很多优秀的设计作品。

视觉中国设计师社区

国际知名的“视觉内容”平台，有优质的版权内容资源，有很多创意设计值得学习借鉴。

备注：以上百度搜索网站名称即可。

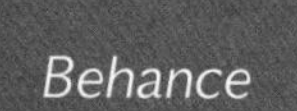

国际顶尖的设计师分享平台（国外网站），在这里你可以见识到各行各业的国际水平设计案例。

GIKOSH

多个所有者

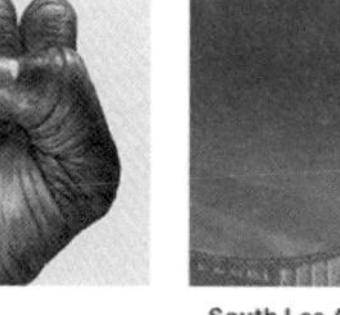

Hand gestures

Børge Bredenbekk

South Los Angeles Charter High School

Brooks + Scarpa Architects

Personal Projects - April, 2018

Dániel Taylor

Graphicriver

全球知名设计师网站，很多网站传播的国外PPT模板基本来自这里，强烈推荐！

致设计

电商设计师交流平台，在这里你可以看到设计大师分享的创意设计和设计教程。

设计者的气质-从技法到设计心...

孔雅轩LineVision

新派台式茶饮言叶 | 食摄集 饮...

FOODOGRAPHY

LETTERING(●'◡'●)

印度三儿

艺术创造情绪 设计解决问题

Point_Vision

设计的美是相通的，有些好的平面设计甚至可以直接应用到 PPT 设计中。日常多看、多收集优秀的作品，可以帮助你提升审美水平，有利于让你的 PPT 变得美观。当然，对于 PPT 来说，首要考虑的还是信息传递是否有效。

备注：以上百度搜索网站名称即可。

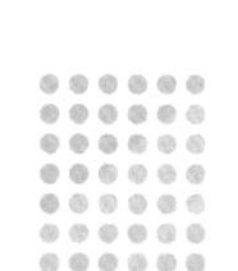

3 哪些课程可以快速提升你的 PPT 设计能力

秋叶 PPT 一直以来秉承「让学习变得简单有趣」的理念，帮助更多的大学生顺利适应职场，让更多职场人提升职场技能，从而高效率、高质量地完成工作。

市面上的大部分课程只提供课程知识给学员学习，这样的形式阻碍了互动提升的可能。秋叶 PPT 有着完善的学习反馈体系，不仅带动学员去操作练习，还有专业的课程老师提供修改意见。

除此以外，秋叶 PPT 的课程还会不断迭代更新，加入新的知识点。

如果你想要快速提升自身的职场办公技能，我们在「网易云课堂」提供的一系列办公技能课程，相信会适合你。

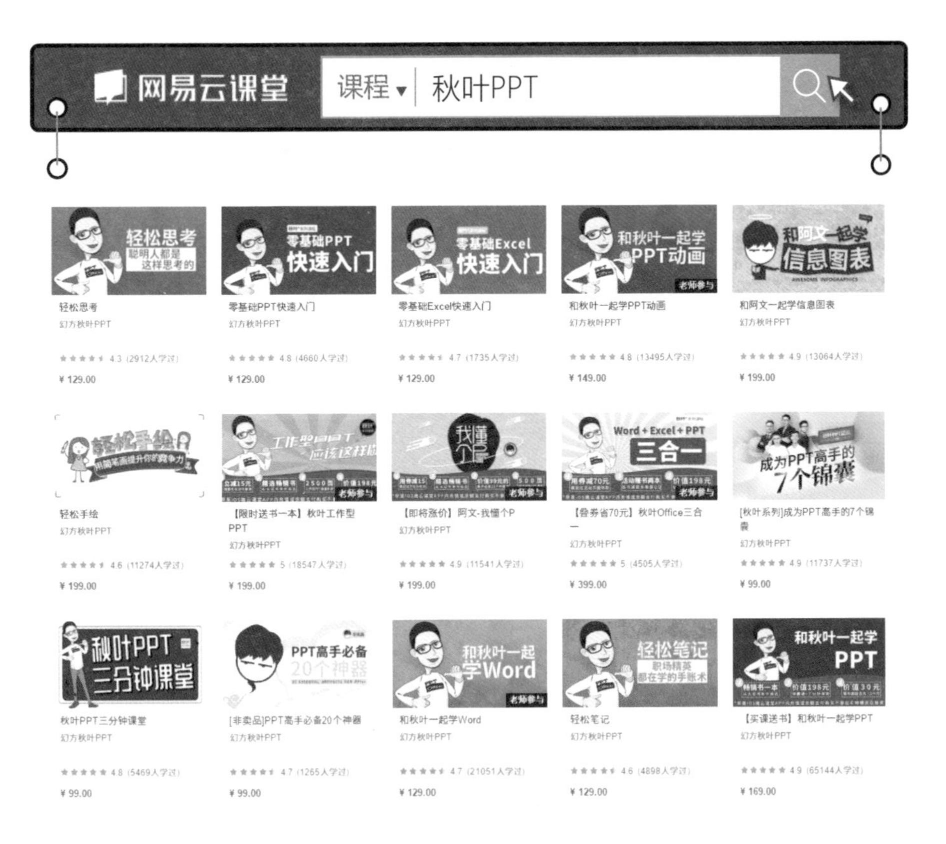

PPT 速成手账本

让你不知不觉间完成 PPT 设计

示范

确定主题

工作计划制作经验分享

试试痛点式

心力交瘁，如何做出合理的工作计划

试试解决方案式

做好工作计划不可不知的四个妙招

试试愿景式

胸有成竹，有勇有谋

试试一语双关

「计」不可失，所见「计」所得

一个有创意的主题文案可以为你的 PPT 加分不少。

假如没有灵感，可以百度「文案狗」，会给你带来不少惊喜。

实操

确定主题

试试痛点式

试试解决方案式

试试愿景式

试试一语双关

万事开头难，起个好标题可以让你的演示加分不少，不妨多试试几种标题形式。但切记，有深度的内容是基础，千万别成为标题党。

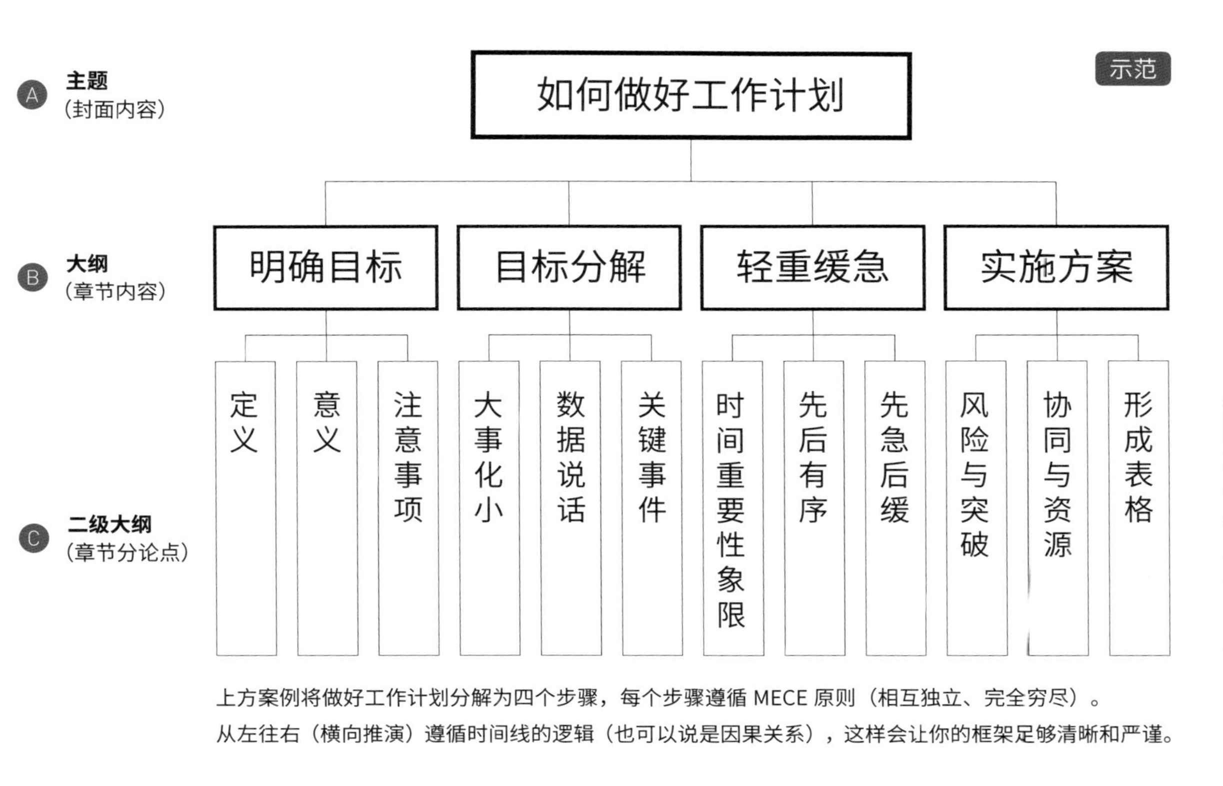

上方案例将做好工作计划分解为四个步骤，每个步骤遵循 MECE 原则（相互独立、完全穷尽）。

从左往右（横向推演）遵循时间线的逻辑（也可以说是因果关系），这样会让你的框架足够清晰和严谨。

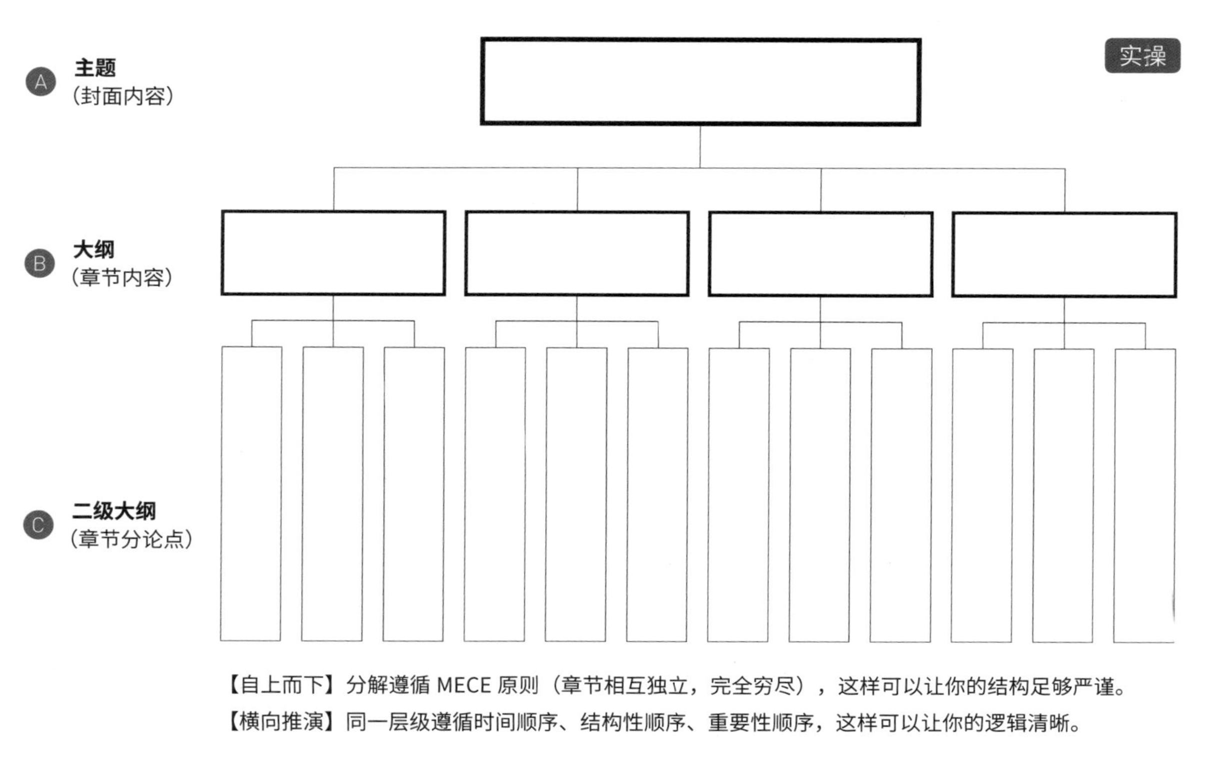

【自上而下】分解遵循 MECE 原则（章节相互独立，完全穷尽），这样可以让你的结构足够严谨。

【横向推演】同一层级遵循时间顺序、结构性顺序、重要性顺序，这样可以让你的逻辑清晰。

示范

A 主标题区　B 副标题区　C 署名落款　D 修饰设计

一个好的封面可以带来好的开端。

注意主副标题要有对比，这样显得有层次感；图片也尽量保证足够高清。

- Ⓐ 主标题区：如果太长可换行
- Ⓑ 副标题区：填写副标题或英文（加强对比）
- Ⓒ 署名落款：名字 / 日期 / 单位名称
- Ⓓ 修饰设计：换成契合主题的图片或大色块

A
B
C
D

把你起的主题名称放到这里。

假如你设计经验比较少，可以直接把上方两个版式用到你的 PPT 上。

示范

Ⓐ 结语致谢　Ⓑ 副标题区　Ⓒ 署名落款　Ⓓ 修饰设计

封底页一般与封面首位呼应。

最简单的做法是复制封面页幻灯片，将主标题和副标题换为结语致谢词。

A 结语致谢：演讲致谢语或企业口号

B 副标题区：填写副标题或英文（加强对比）

C 署名落款：名字 / 日期 / 单位名称

D 修饰设计：换成契合主题的图片或大色块

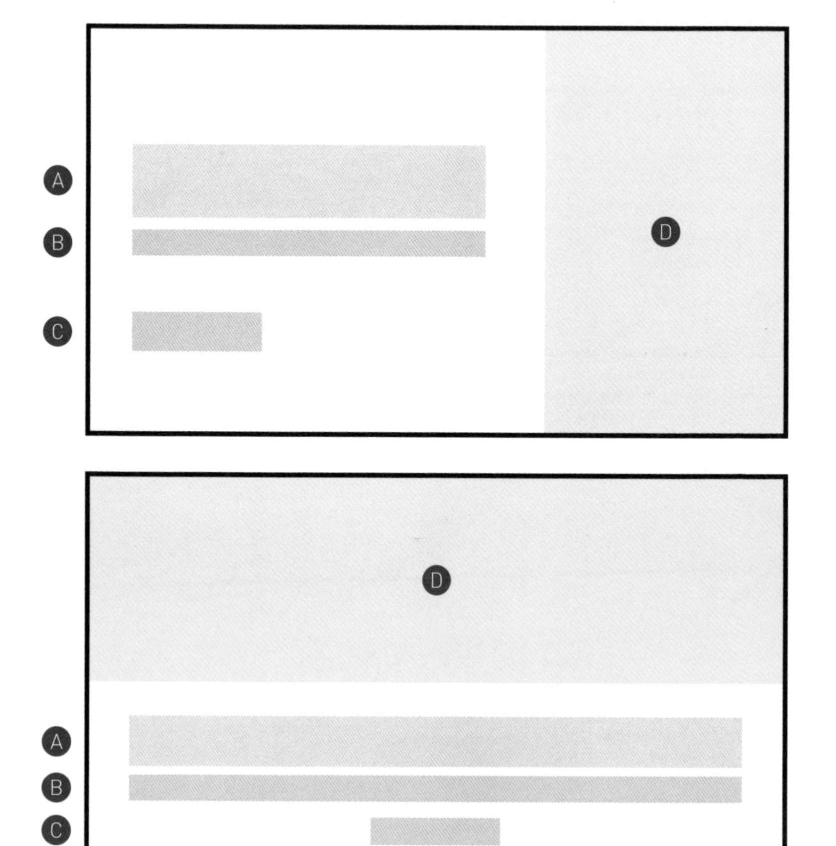

你可以放上贵公司的文化标语或口号，这样显得更有专业感。

假如你设计经验比较少，可以直接把上方两个版式用到你的 PPT 上。

示范

A 章节内容区　　B 修饰设计　　C 署名落款

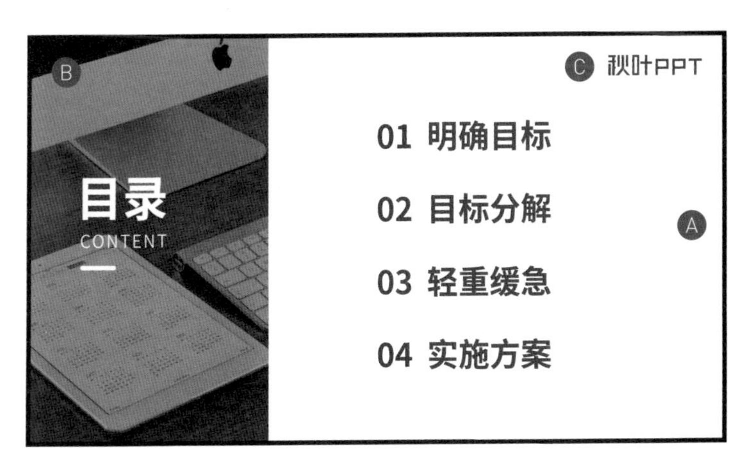

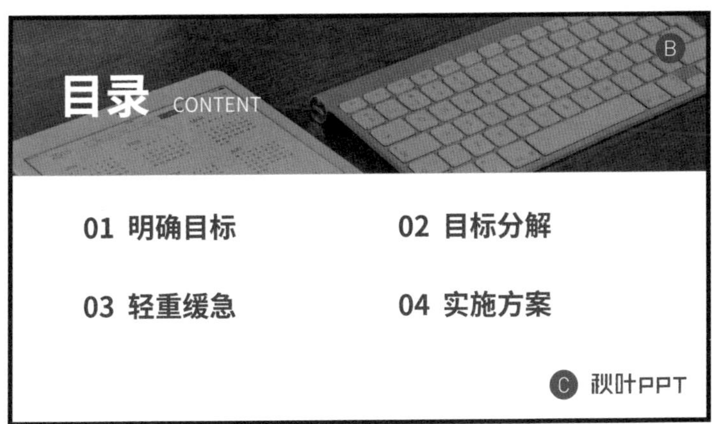

一个结构化的目录页，可以清晰地呈现你的思路。

各标题的排列尽量做到对齐有规律，这样看起来才会是一个完整的逻辑线。

Ⓐ 章节内容区：构思的大纲内容

Ⓑ 修饰设计：换成契合主题的图片或大色块

Ⓒ 署名落款：可放上 LOGO/ 单位名称 / 文化口号 / 名字 /PPT 主题等

把你构思的大纲放到这里。

假如你设计经验比较少，可以直接把上方两个版式用到你的 PPT 上。

示范

Ⓐ 当前章节　　Ⓑ 小章节区　　Ⓒ 修饰设计

单独设计过渡页可以让你的 PPT 在视觉上具有完整的结构。

你也可以采用封面页的设计思路来设计过渡页。

Ⓐ 当前章节：对应目录的每个章节

Ⓑ 小章节区：填写小章节或英文（加强对比）

Ⓒ 修饰设计：换成契合主题的图片或大色块

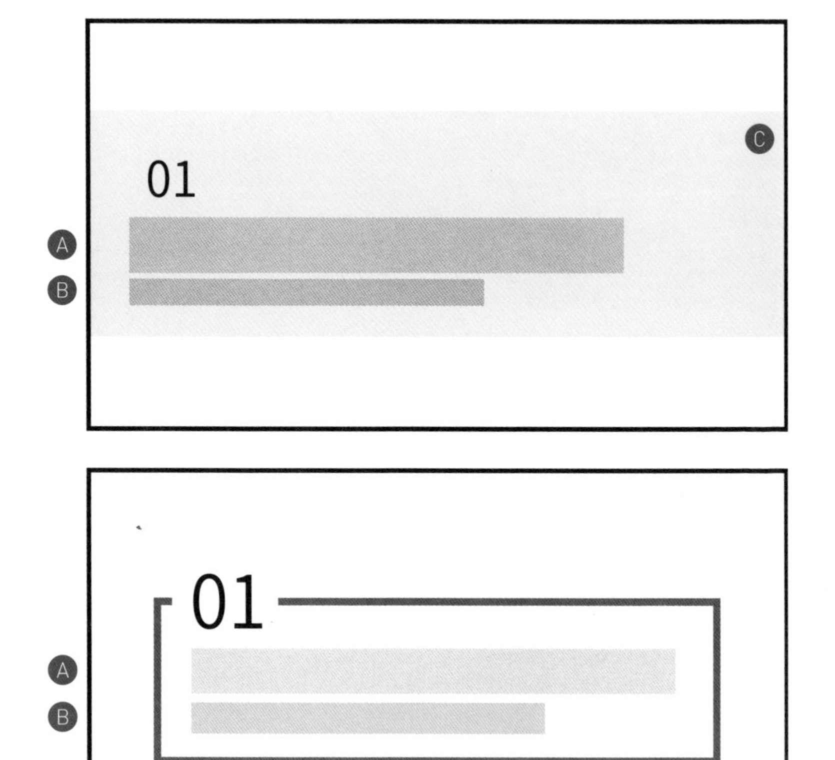

过渡页在篇幅较长的 PPT 上显得尤为重要，有着导航的作用。页数与目录章节数量一致。

假如你设计经验比较少，可以直接把上方两个版式用到你的 PPT 上。

示范

A 单页标题　　B 页眉设计　　C 页脚设计

A **时间重要性象限模型**　　秋叶PPT B

紧急 × 不重要 授权，让别人去做 能不做就不做，或安排别人做	重要 × 紧急 马上做，设法减少它 多被重要不紧急的事情拖延
不紧急 × 不重要 尽量少做 多为琐碎的、没价值的事务性工作	重要 × 不紧急 尽可能将时间花在这里 分解任务、制定计划、按部就班

让 学 习 变 得 简 单 有 趣　　武 汉 幻 方 科 技 有 限 公 司 C

A **项目计划甘特图**　　秋叶PPT B

X X 项 目 工 作 计 划

工作内容		1月	2月	3月	4月	5月	6月	7月	8月	9月	10月	11月	12月
项目目标	A												
	B												
	C												

让 学 习 变 得 简 单 有 趣　　武 汉 幻 方 科 技 有 限 公 司 C

正文页是 PPT 出现最多的页面，因此规范的设计很重要。

保持上方 A/B/C 内容的重复，可以让 PPT 显得专业规范。

- A 单页标题：多用结论 / 观点，少用概类
- B 页眉设计：可放上 LOGO/ 单位名称
- C 页脚设计：可放上页码 / 企业口号 / 企业网址等

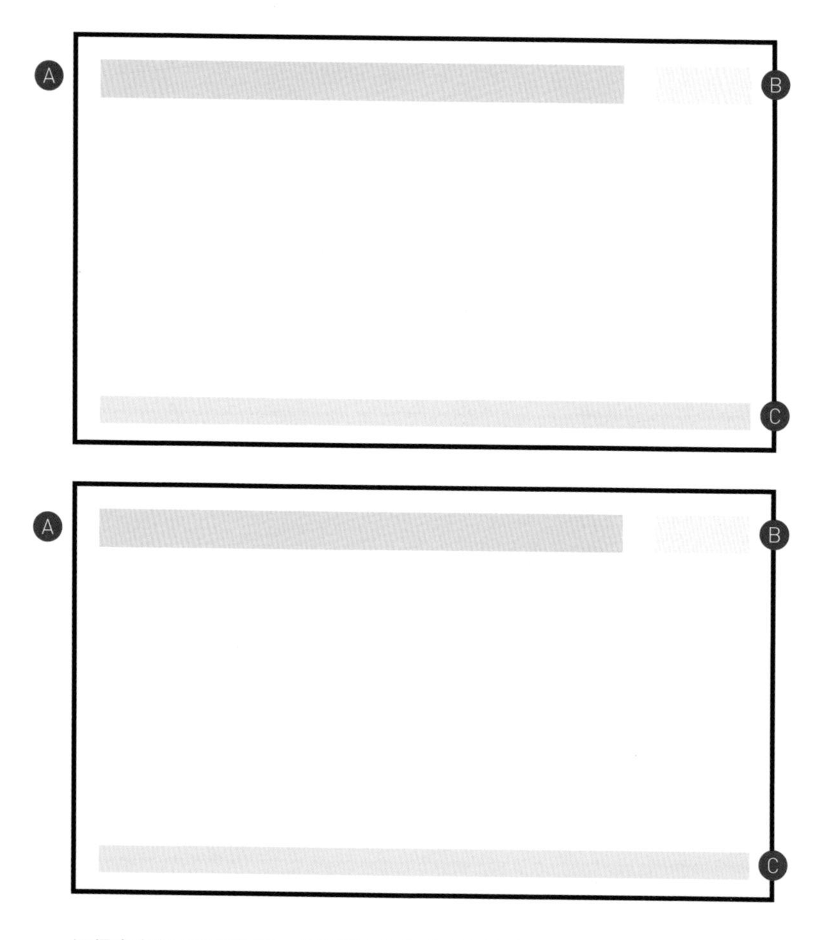

记得内容必须经过精炼，单页标题多用观点和结论。

可选的表达形式：要点列表、数据图表、关系图表、表格。

主题：为你的 PPT 准备一个主题

主题：为你的 PPT 准备一个主题

框架：画出你的 PPT 结构金字塔

框架：画出你的 PPT 结构金字塔

封面：几种常见的封面版式

Ⓐ 主标题区　Ⓑ 副标题区　Ⓒ 署名落款　Ⓓ 图片修饰

A
B
C
D

A
B
D
C

以上两个也是不错的封面版式，可以用到封底页。

封面：尝试设计自己的封面

一个完整的封面应该有主标题、副标题、署名落款等内容。

封底：封底可以写什么

目标誓言、口号、企业文化都是不错的选择。

封底页的设计可以参考封面页。

封底：封底可以写什么

目标誓言、口号、企业文化都是不错的选择。

封底页的设计可以参考封面页。

目录：尝试设计你的目录页

把你构思的大纲放到这里。

你可以变化调整封面页中素材（如图片）的位置，使其变成目录页。

目录：尝试设计你的目录页

把你构思的大纲放到这里。

你可以变化调整封面页中素材（如图片）的位置，使其变成目录页。

过渡页：尝试设计你的过渡页

把每个章节的标题放在这里，记得可以将序号拿出来单独设计。

你可以变化调整封面页中素材（如图片）的位置，使其变成过渡页。

过渡页：尝试设计你的过渡页

把每个章节的标题放在这里，记得可以将序号拿出来单独设计。

你可以变化调整封面页中素材（如图片）的位置，使其变成过渡页。

正文页：尝试设计你的正文页

记得内容必须经过精炼，单页标题多用观点或结论。

可选的表达形式：要点列表、数据图表、关系图表、表格。

正文页：尝试设计你的正文页

记得内容必须经过精炼，单页标题多用观点或结论。

可选的表达形式：要点列表、数据图表、关系图表、表格。

Book
For
PPT

秋叶PPT | 独家专享

PPT 速成手账本

让 你 不 知 不 觉 间 完 成 PPT 设 计